简明化工制图习题集

第4版

林大钧　编著

化学工业出版社

·北京·

内 容 简 介

《简明化工制图习题集》(第 4 版)与"十二五"普通高等教育本科国家级规划教材《简明化工制图》(第 4 版)配套,为教材内容的学习提供同步练习。本书包括投影制图、计算机绘图、零件图与装配图、化工工艺图、化工图样计算机辅助设计、化工设备图等内容。本书根据教育部高等学校工程图学教学指导分委员会制订的《高等学校工程图学课程教学基本要求》以及最新《技术制图》《机械制图》国家标准和化工行业相关标准修订而成。本书习题解答过程和答案可扫描封底二维码查阅。

本书可作为高等学校本科过程装备与控制工程以及化工、轻工、食品、制药、环境等近机类、非机类专业教材,也可供其他工科专业工程制图课程教学参考。

图书在版编目(CIP)数据

简明化工制图习题集/林大钧编著. —4 版. —北京:化学工业出版社,2023.2 (2025.10重印)
ISBN 978-7-122-42521-8

Ⅰ.①简… Ⅱ.①林… Ⅲ.①化工机械-机械制图-高等学校-习题集 Ⅳ.①TQ050.2-44

中国版本图书馆 CIP 数据核字(2022)第 211530 号

责任编辑:李玉晖　　　　　　　　　　　装帧设计:张　辉
责任校对:李　爽

出版发行:化学工业出版社(北京市东城区青年湖南街 13 号　邮政编码 100011)
印　　装:三河市双峰印刷装订有限公司
880mm×1230mm　1/16　印张 5½　插页 2　字数 136 千字　2025 年 10 月北京第 4 版第 2 次印刷

购书咨询:010-64518888　　　　　　　　售后服务:010-64518899
网　　址:http://www.cip.com.cn
凡购买本书,如有缺损质量问题,本社销售中心负责调换。

定　　价:26.00 元　　　　　　　　　　　　　　　版权所有　违者必究

前　言

　　《简明化工制图习题集》（第 4 版）根据教育部高等学校工程图学教学指导分委员会制订的《高等学校工程图学课程教学基本要求》编写，与"十二五"普通高等教育本科国家级规划教材《简明化工制图》（第 4 版）配套，适用于高等学校本科过程装备与控制工程以及化工类、轻工类、食品类、环境类等专业的工程制图课程教学，为教材内容的学习提供课后练习，帮助工科学生形成必需的读图、制图能力。图形是培养形象思维能力的重要基础，工程图样是学生进大学后才接触的新内容，学习时往往上课听得懂而习题不会做，加之高校用于这门课程的学时数普遍比以往有所减少，学生在课堂上接受教师指导的机会就更少，为了解决这一矛盾，编著者将习题解题过程与答案做成视频，读者可使用智能手机或平板电脑扫描封底二维码，上网观看解答过程录像。

　　《简明化工制图习题集》各版与教材同步进行修订。本书以培养学生绘制和阅读化工图样的能力为主，突出投影制图和构形能力的训练。部分习题需要在 AutoCAD 平台中完成，应用平台进行三维形体设计，验证视图阅读的正确性。本书内容包括：投影制图、计算机绘图、零件图与装配图、化工工艺图、化工图样计算机辅助设计、化工设备图等。不同专业在选用时可根据本专业特点、教学时数、教学方法的不同，对习题内容及顺序作适当的筛选和调整。

　　由于编著者时间、水平和能力的限制，书中难免有不妥之处，恳请广大读者批评指正。

编著者

2023 年 8 月

目　　录

1 投 影 制 图

1.1 正投影法

根据立体图画出主、左、俯三个视图（尺寸由立体图按 1:1 量取）。

2

根据立体图选用一组视图进行合理的表达（尺寸由立体图按 1:1 量取）。

4

根据立体图画出主、左、俯三个视图（尺寸由立体图按 1:1 量取）。

1

根据立体图选用一组视图进行合理的表达（尺寸由立体图按 1:1 量取）。

3

对照立体图，将对应的视图号填入表中。

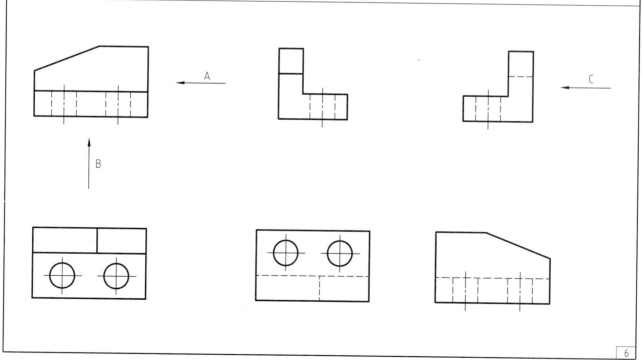

立体图号	主视图	俯视图	左视图	右视图	仰视图	后视图
A						
B						
C						
D						

按图中箭头所示，在对应视图上标注视图名称。

根据立体图和已知视图，分析其形成过程，在适当位置画出仰视图和后视图，并标注视图名称。

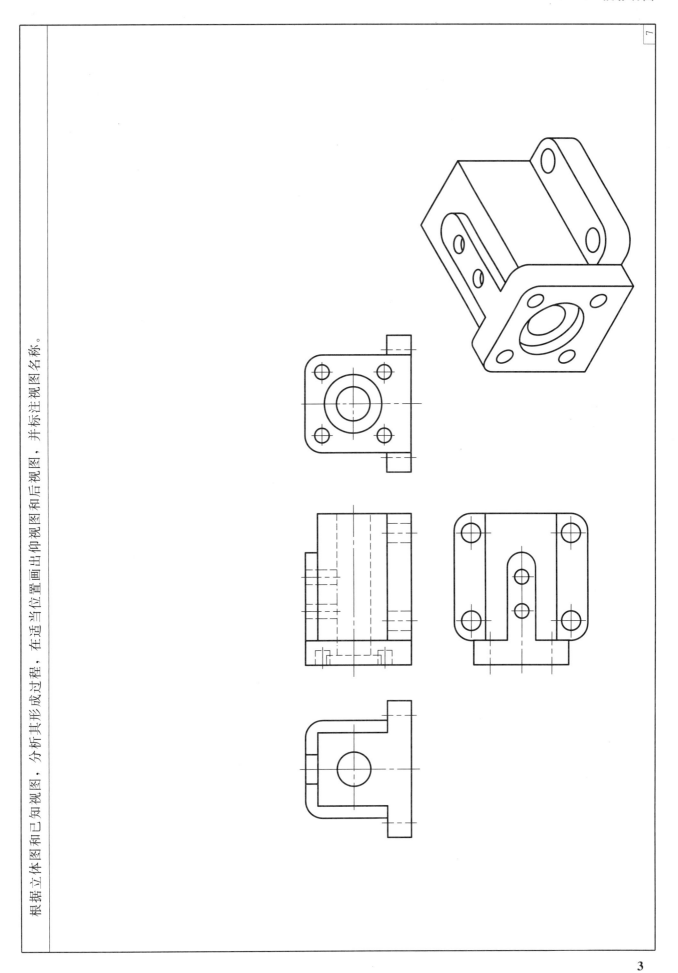

1.2 组合体视图

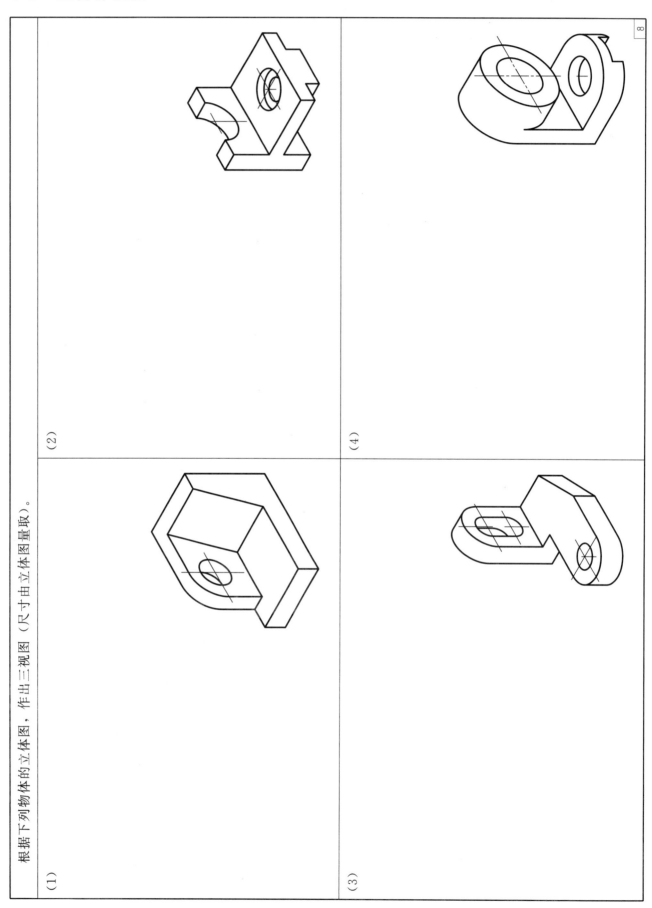

根据下列物体的立体图，作出三视图（尺寸由立体图量取）。

（1）

（2）

（3）

（4）

8

根据已知尺寸，按 1 : 1 的比例在 3 号图纸上画出物体的主、俯、左三个视图，并标注尺寸。

(1)

(2)

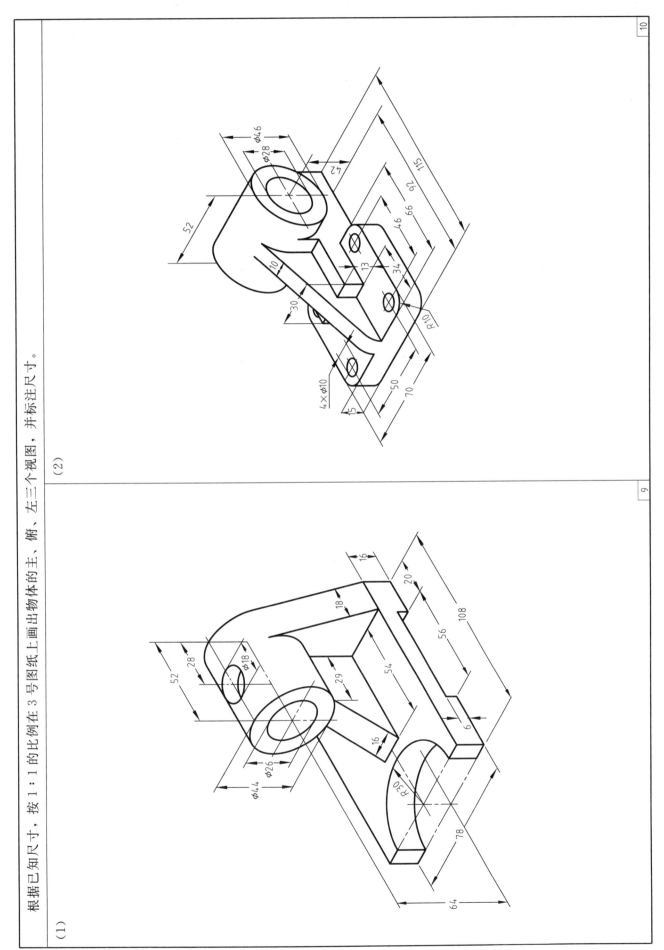

试分析下列物体表面的交线，并作出第三视图。

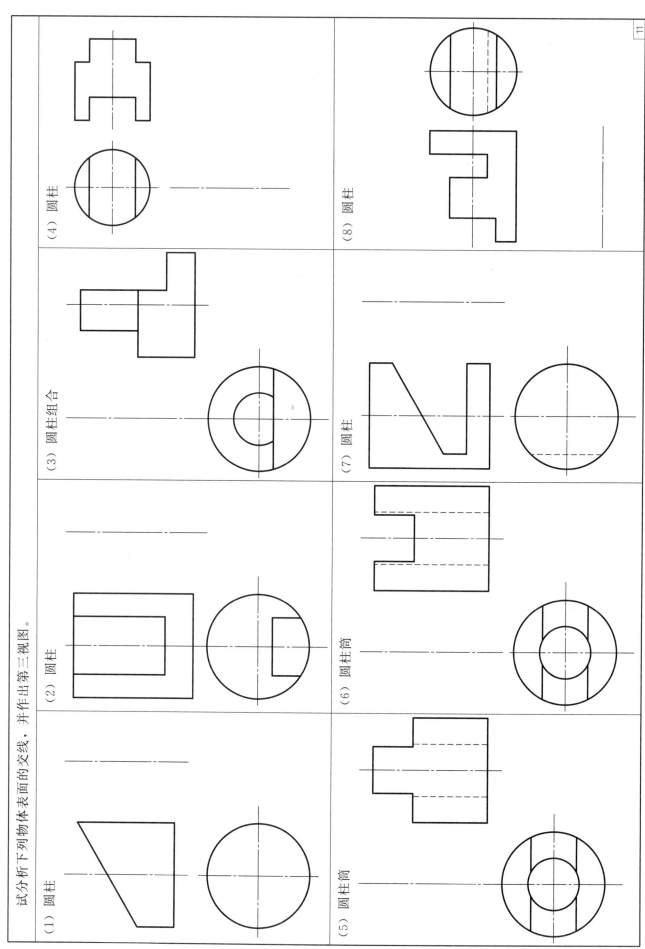

（1）圆柱

（2）圆柱

（3）圆柱组合

（4）圆柱

（5）圆柱筒

（6）圆柱筒

（7）圆柱

（8）圆柱

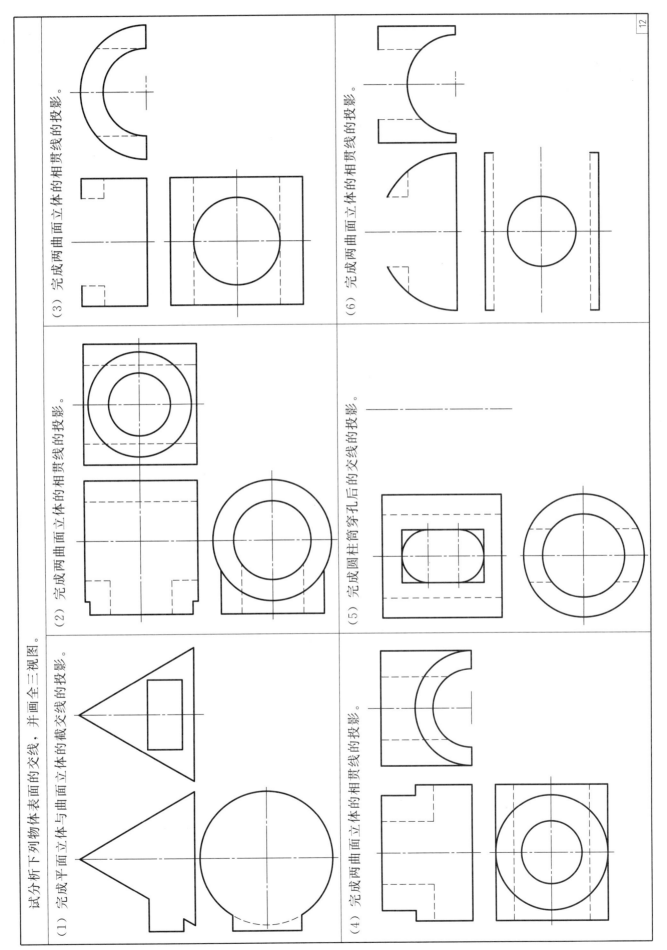

试分析下列物体表面的交线，并画全三视图。

(1) 完成平面立体与曲面立体的截交线的投影。

(2) 完成两曲面立体的相贯线的投影。

(3) 完成两曲面立体的相贯线的投影。

(4) 完成两曲面立体的相贯线的投影。

(5) 完成圆柱筒穿孔后的交线的投影。

(6) 完成两曲面立体的相贯线的投影。

试分析下列物体主、俯视图，找出所对应的轴测图，将其编号填在该轴测图对应的圆圈内，并作出左视图。

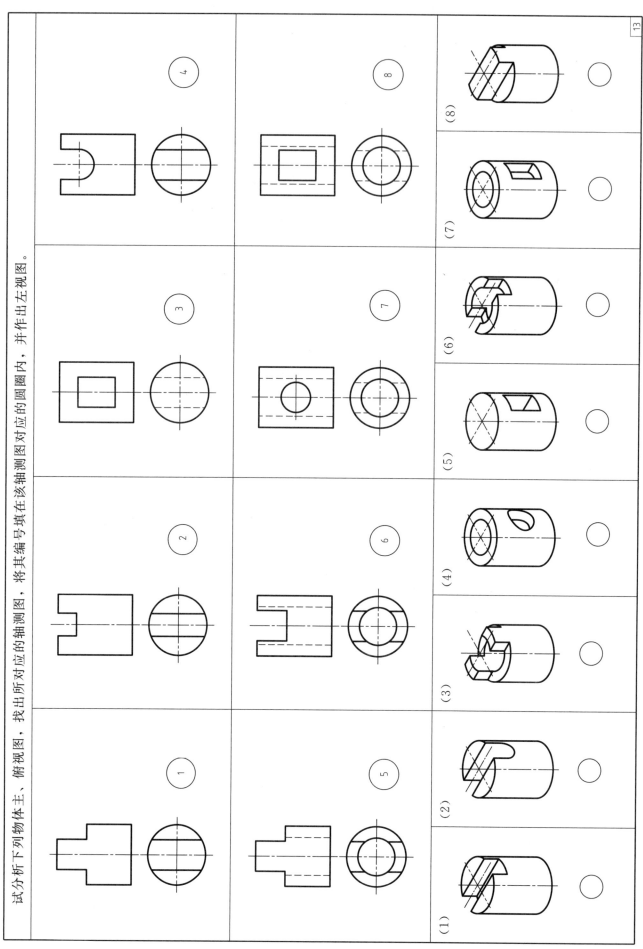

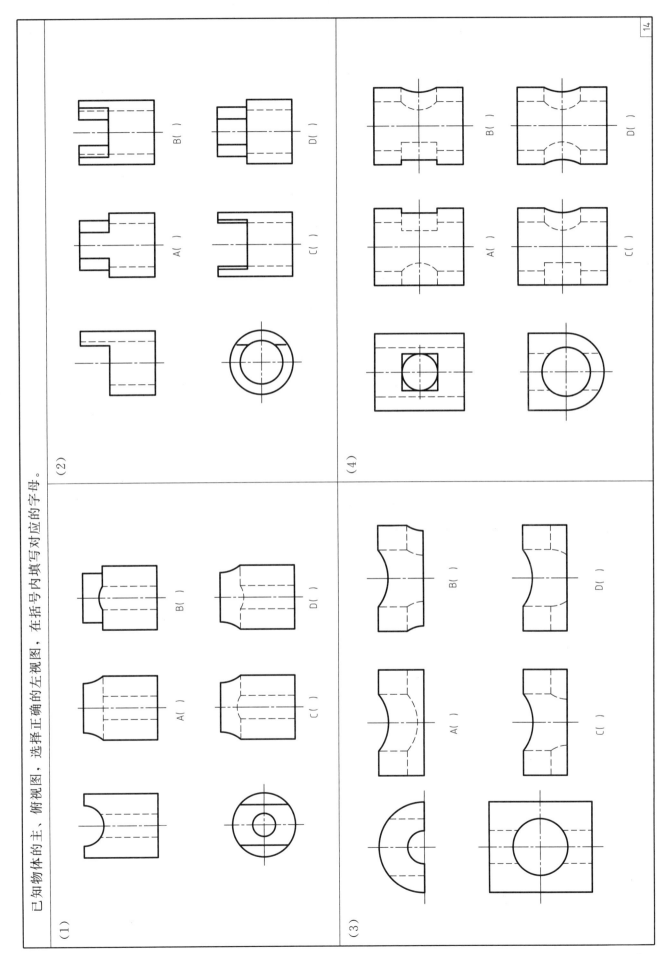

已知物体的主、俯视图，选择正确的左视图，在括号内填写对应的字母。

(1)　A( )　B( )　C( )　D( )

(2)　A( )　B( )　C( )　D( )

(3)　A( )　B( )　C( )　D( )

(4)　A( )　B( )　C( )　D( )

根据已知视图分析物体的形状，补作漏画的线。

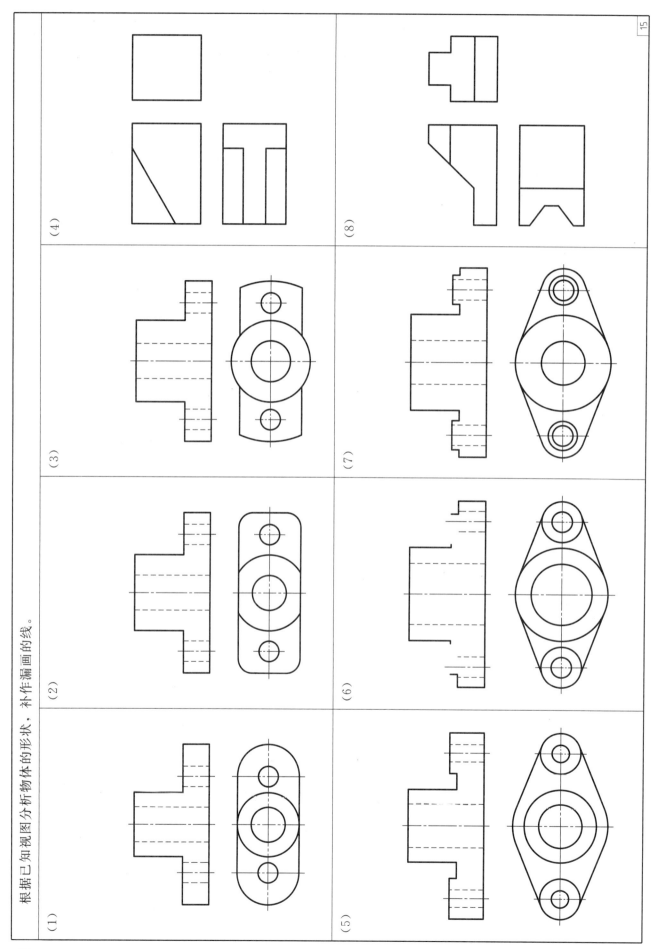

根据已知视图分析物体的形状，补作漏画的线。

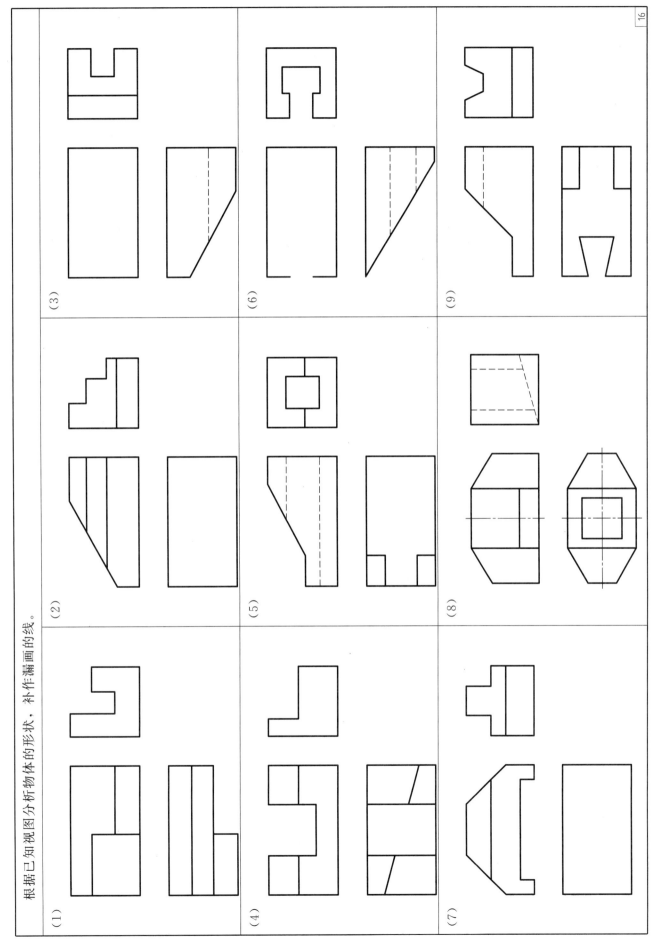

根据物体的主、俯视图，补画其左视图。

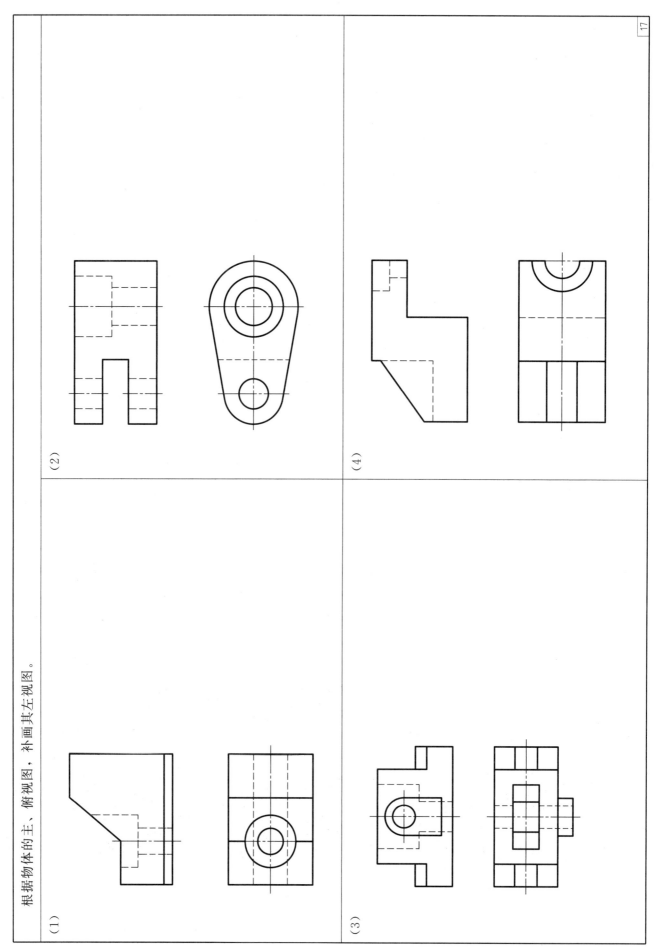

（1）

（2）

（3）

（4）

根据物体的主、俯视图，补画其左视图。

（1）

（2）

（3）

（4）

1.3　尺寸标注

试在下列视图上标注尺寸（尺寸数值按 1：1 的比例在视图中量取），并指出哪些是定形尺寸，哪些是定位尺寸。

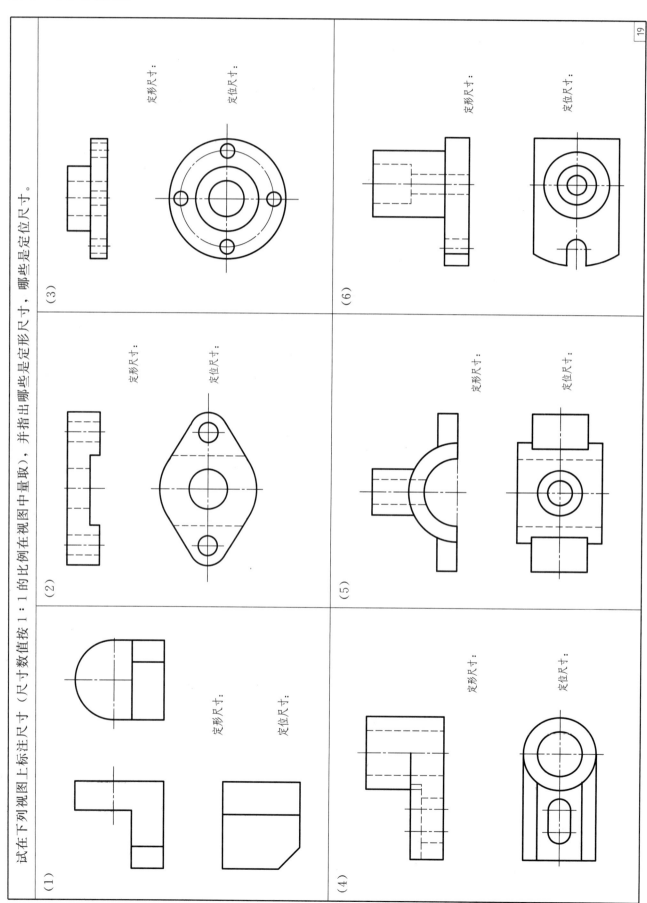

1.4 构形制图

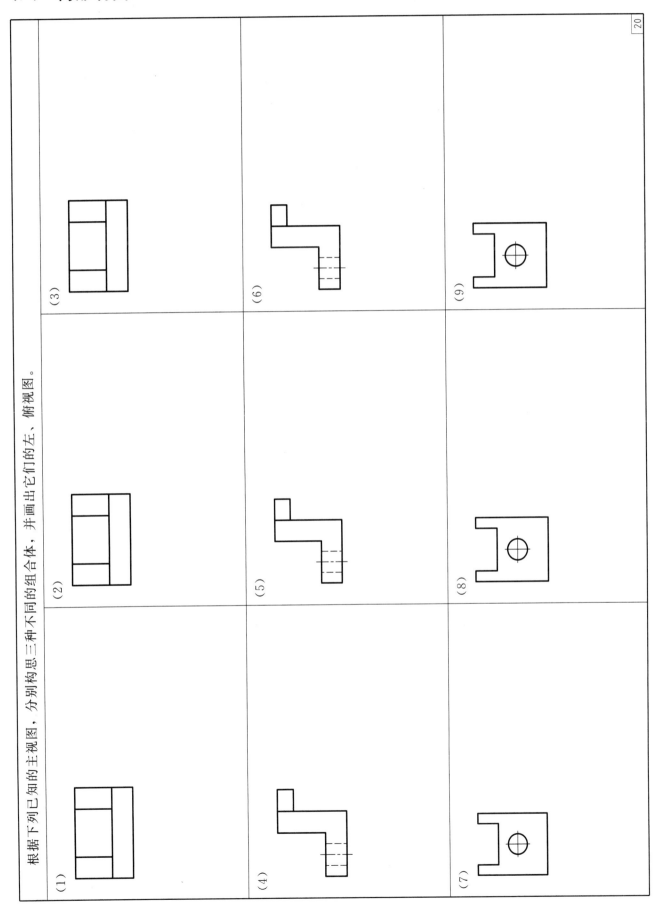

根据已知的主视图，构思不同形状的组合体，并画出另外两个视图。

（1）

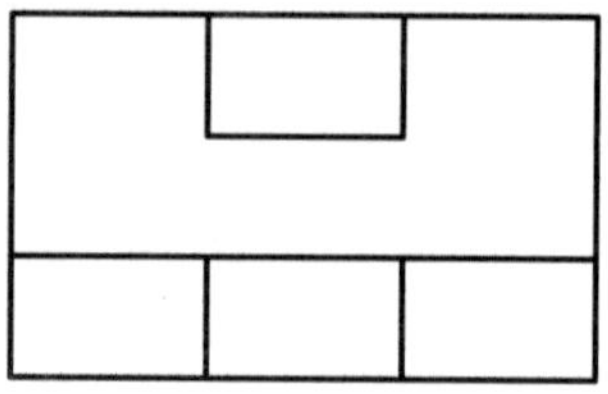

（2）

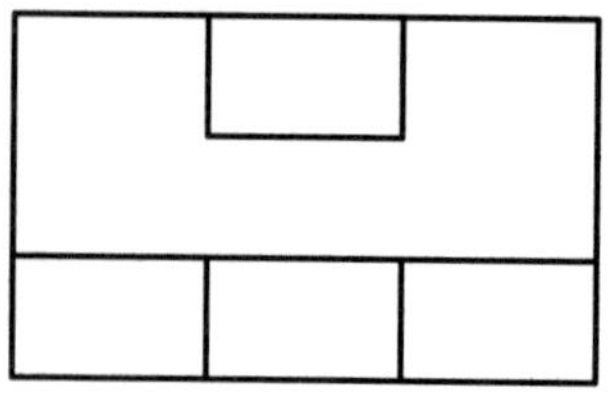

（5）

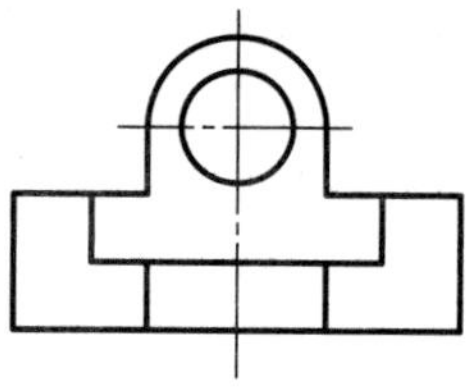

（6）

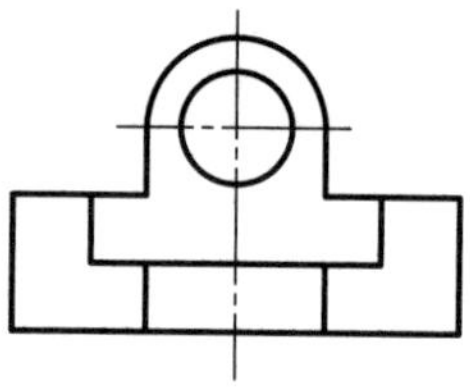

根据已知的三视图，想象物体的形状，构思一个与之相嵌合，且成为一个完整圆柱的物体，并画出其

（1）

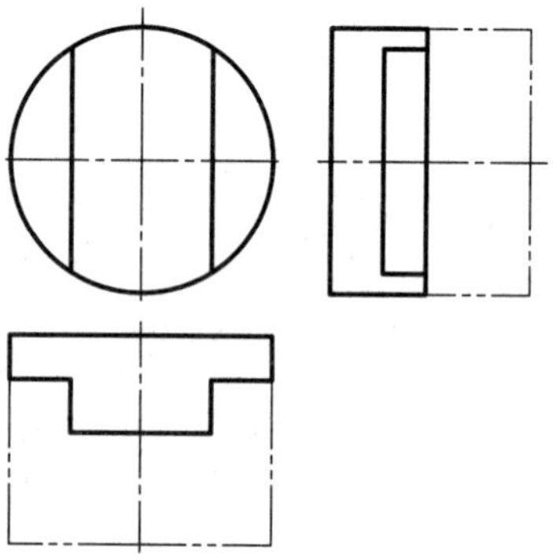

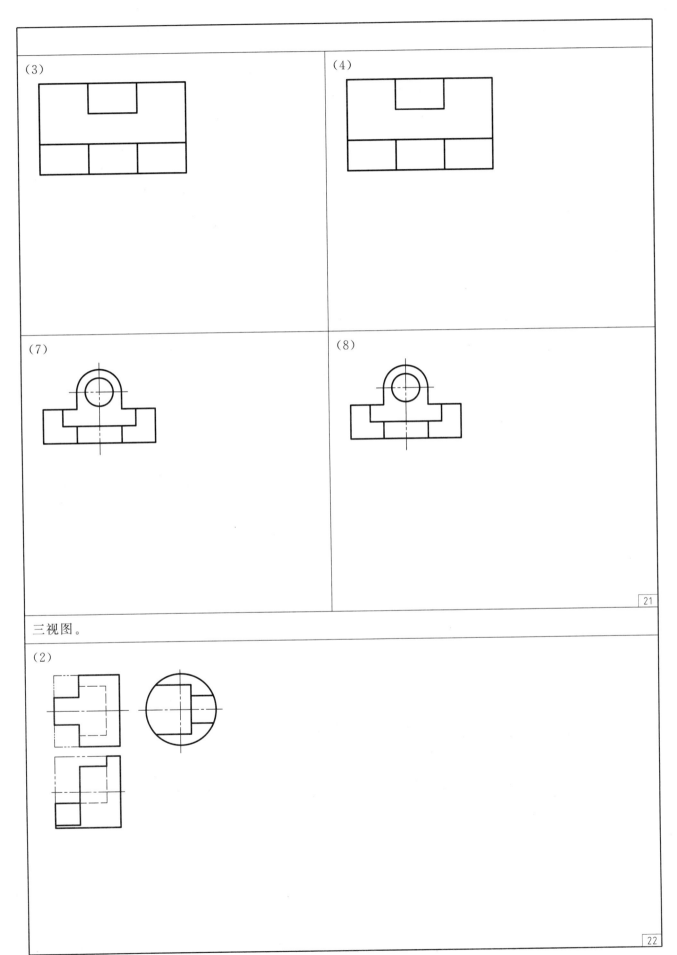

（3）

（4）

（7）

（8）

三视图。

（2）

1.5　机件表达方法

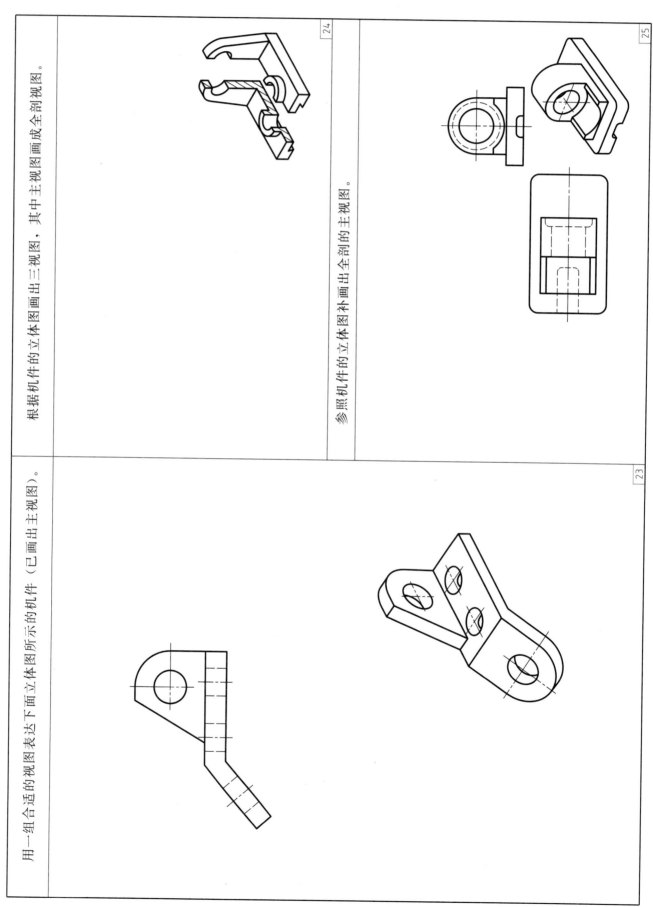

根据机件的立体图画出三视图，其中主视图画成全剖视图。　24

参照机件的立体图补画出全剖的主视图。　25

用一组合适的视图表达下面立体图所示的机件（已画出主视图）。　23

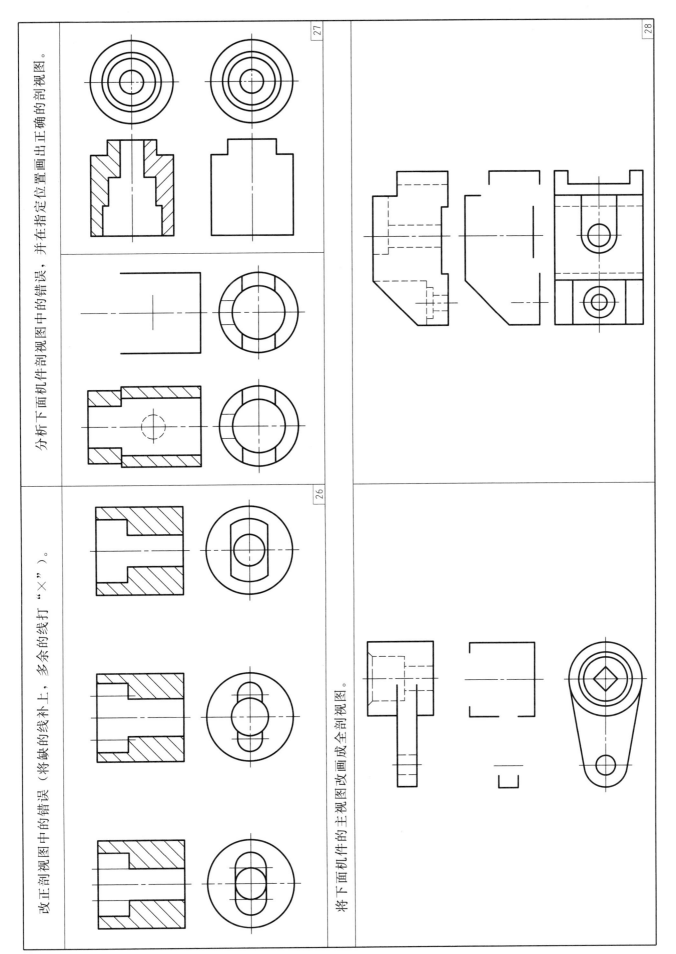

分析下面机件剖视图中的错误，并在指定位置画出正确的剖视图。

改正剖视图中的错误（将缺的线线补上，多余的线打"×"）。

将下面机件的主视图改画成全剖视图。

画出下面机件的 $C—C$ 全剖视图。

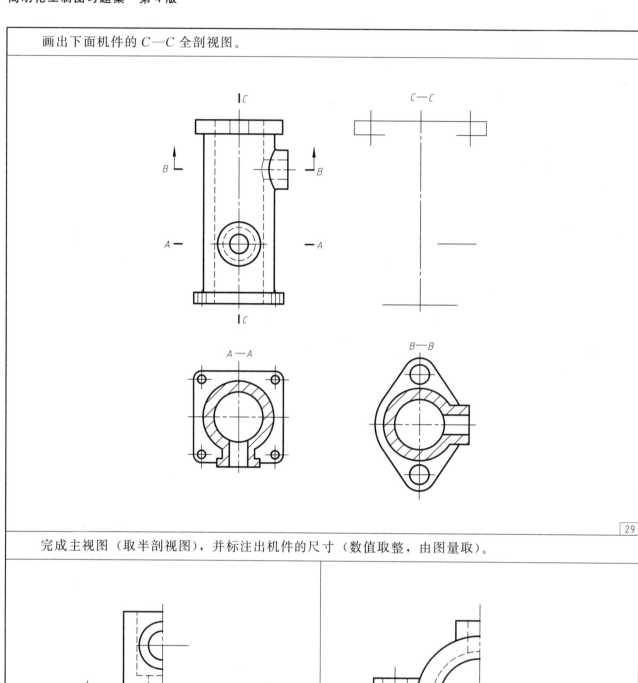

完成主视图（取半剖视图），并标注出机件的尺寸（数值取整，由图量取）。

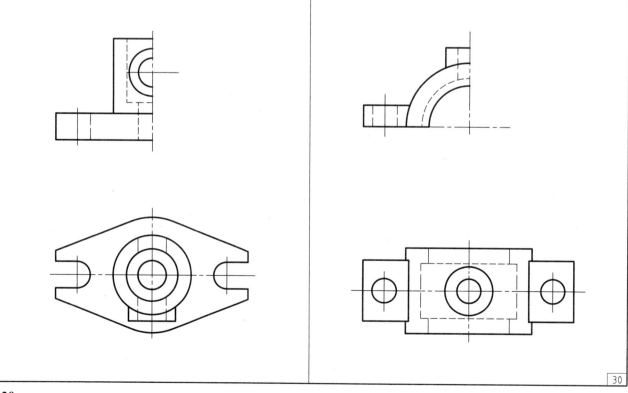

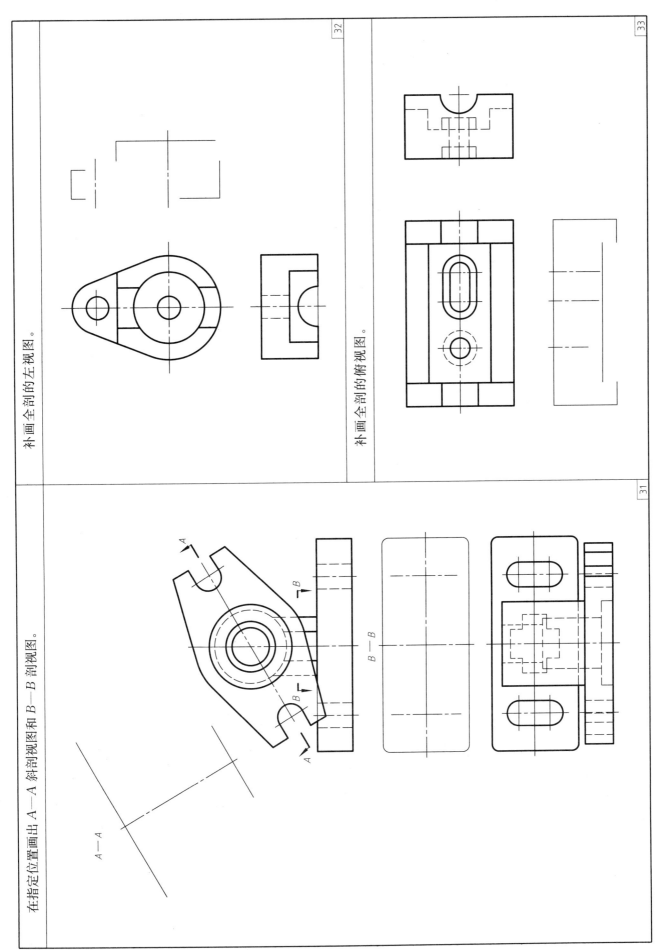

补画全剖的左视图。

补画全剖的俯视图。

在指定位置画出 A—A 斜剖视图和 B—B 剖视图。

在指定位置，将主视图画成全剖视图，并补画半剖的左视图。

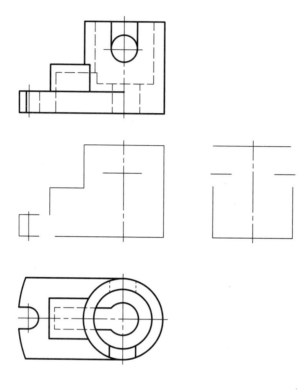

34

在指定位置，将主视图和左视图改画成适当的剖视图。

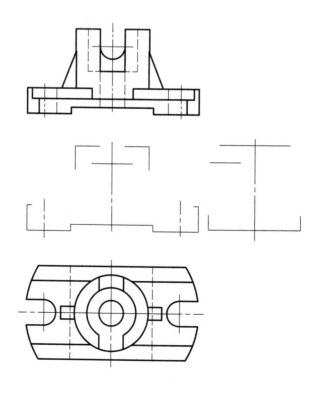

35

画出轴上指定位置的断面图（左面键槽深 4mm，右面键槽深 3mm）。

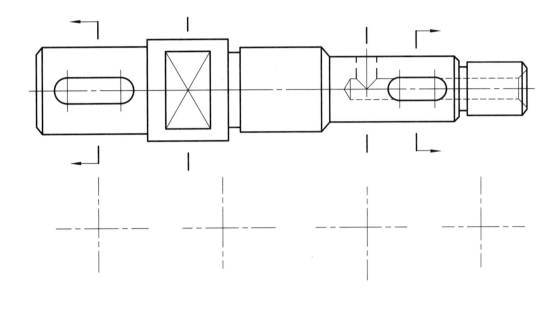

在右边指定位置画出正确的全剖视图。

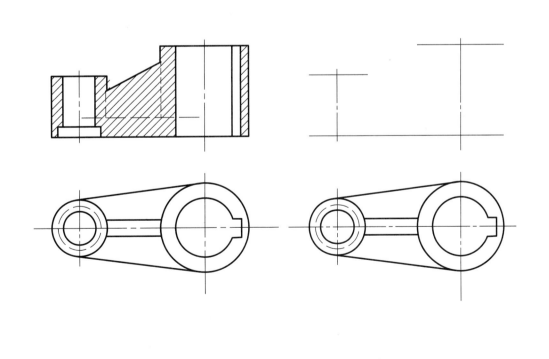

画出肋板的移出断面图。　　　　　　　画出肋板的重合断面图。

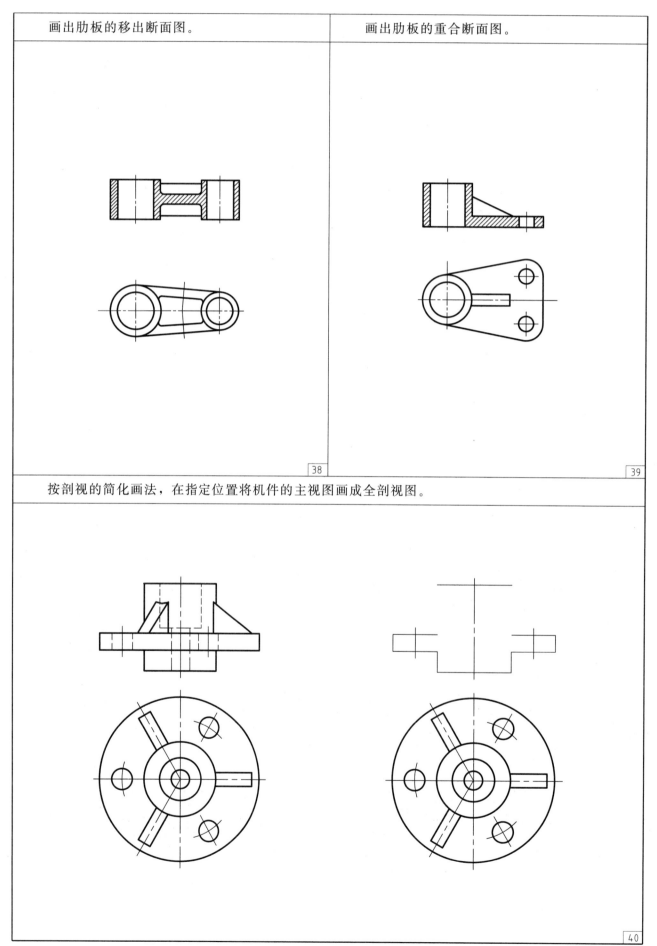

38

39

按剖视的简化画法，在指定位置将机件的主视图画成全剖视图。

40

选用一组合适的视图方案表达下面的机件（画在方格纸上）。

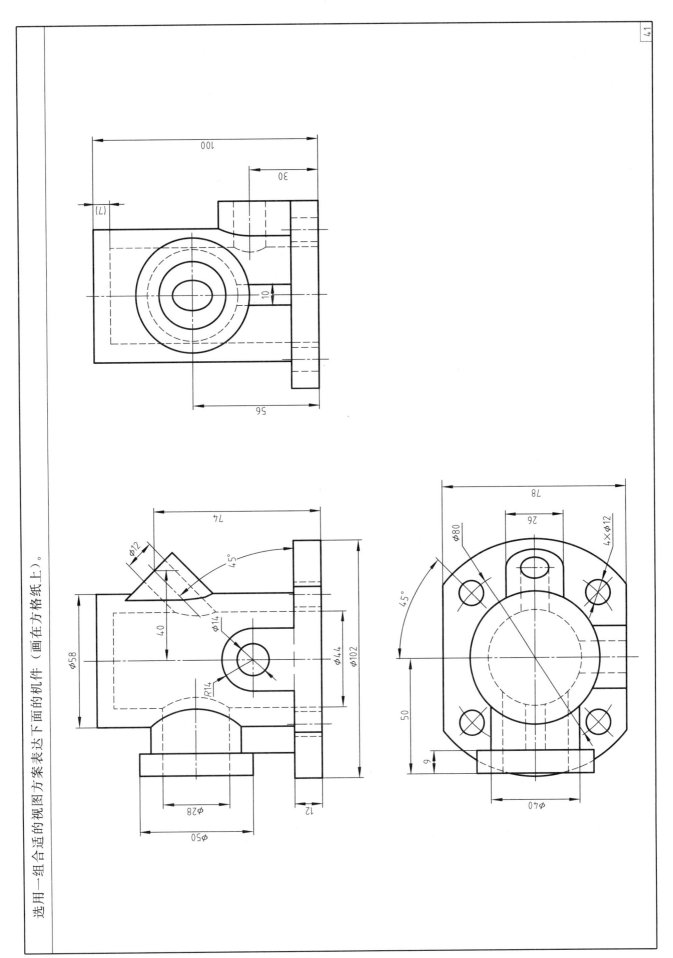

在 3 号图纸上，采用适当的比例画出下面机件的三视图（选用合适的剖视）。

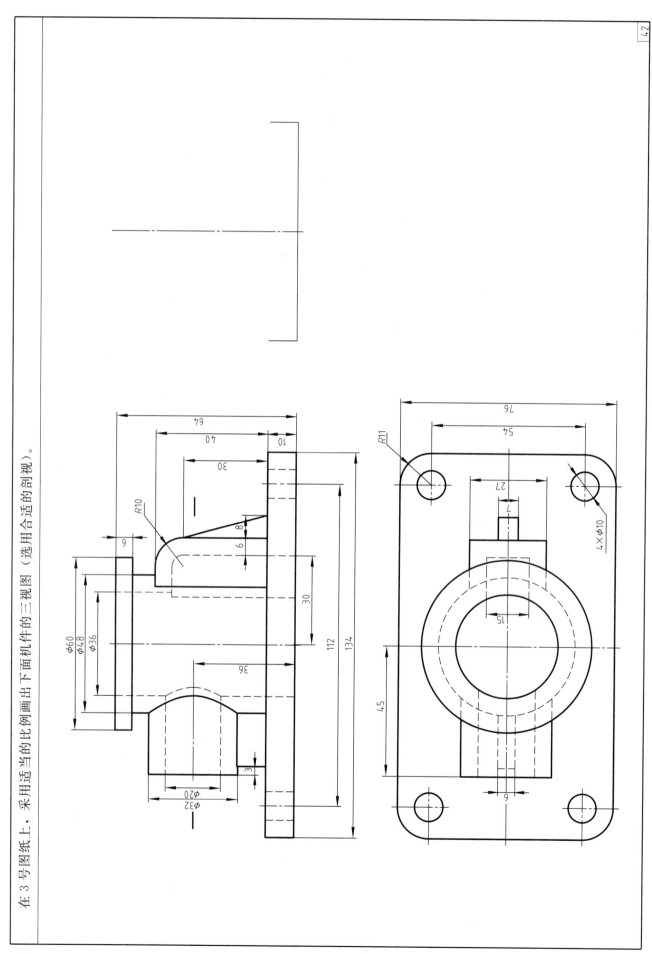

1.6 轴测投影图

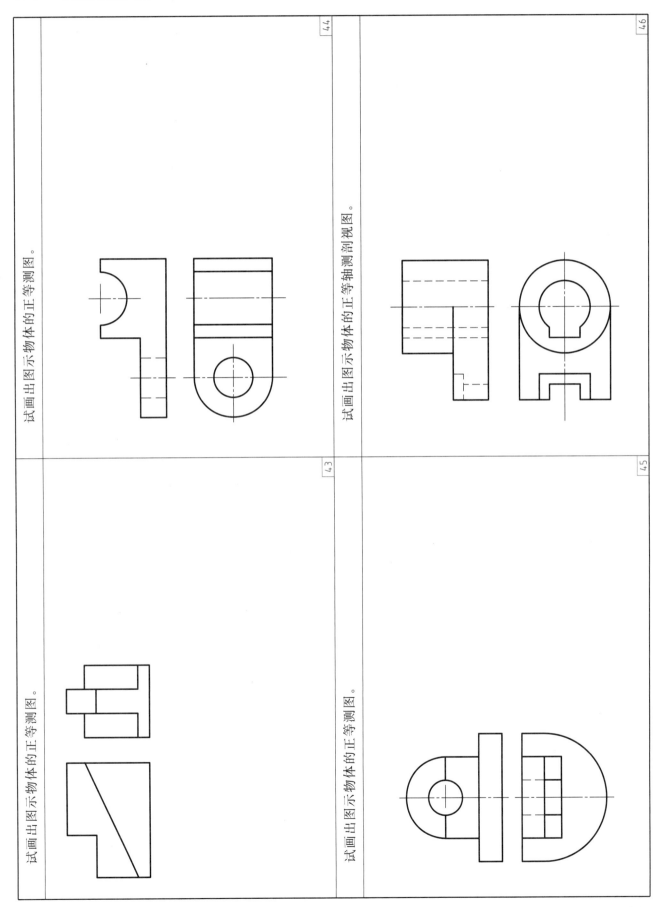

试画出图示物体的正等测图。 43

试画出图示物体的正等测图。 44

试画出图示物体的正等测图。 45

试画出图示物体的正等轴测剖视图。 46

试画出图示物体的正等测图。

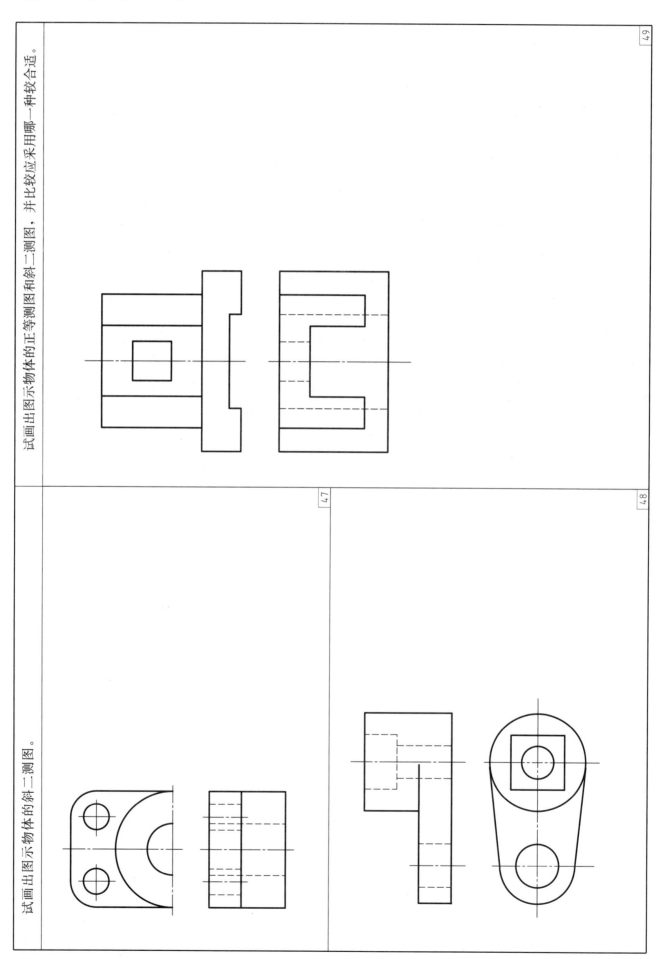

试画出图示物体的正等测图和斜二测图，并比较应采用哪一种较合适。

试画出图示物体的斜二测图。

2 计算机绘图

2.1 计算机二维绘图

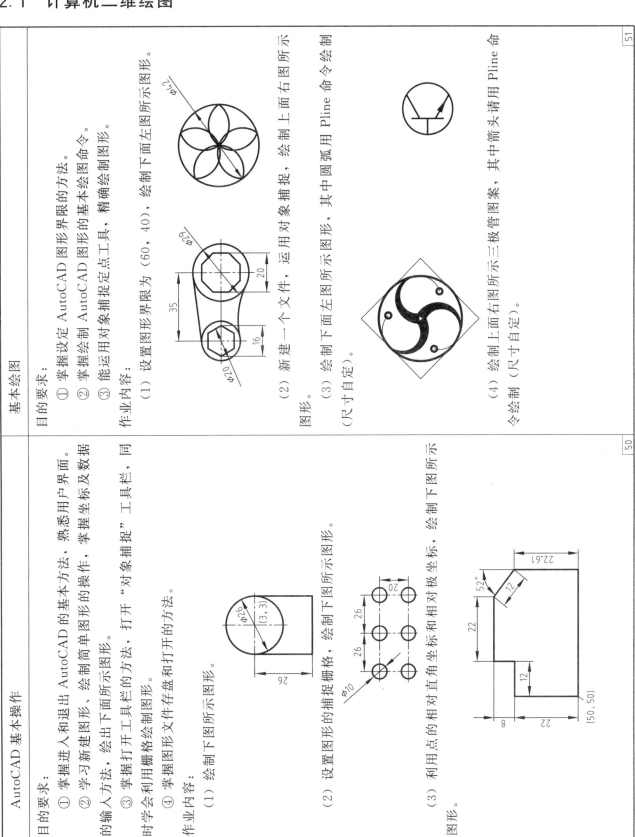

基本绘图

目的要求:
① 掌握设定 AutoCAD 图形界限的方法。
② 掌握绘制 AutoCAD 图形的基本绘图命令。
③ 能运用 AutoCAD 图形捕捉定点工具,精确绘制图形。

作业内容:
(1) 设置图形界限为 (60,40),绘制下面左图所示图形。

(2) 新建一个文件,运用对象捕捉,绘制上面右图所示图形。

(3) 绘制下面左图所示图形,其中圆弧用 Pline 命令绘制图形 (尺寸自定)。

(4) 绘制上面右图所示三极管图案,其中箭头请用 Pline 命令绘制 (尺寸自定)。

AutoCAD 基本操作

目的要求:
① 掌握进入和退出 AutoCAD 的基本方法,熟悉用户界面。
② 学习新建图形,绘制简单图形的操作,掌握坐标及数据的输入方法,绘出下面所示图形。
③ 掌握打开工具栏的方法,打开"对象捕捉"工具栏,同时学会利用栅格绘制图形。
④ 掌握图形文件存盘和打开的方法。

作业内容:
(1) 绘制下图所示图形。

(2) 设置图形的捕捉栅格,绘制下图所示图形。

(3) 利用点的相对直角坐标和相对极坐标,绘制下图所示图形。

29

图形的编辑操作

目的要求：
① 掌握 AutoCAD 各种图形编辑命令的用法和功能。
② 了解选择图形对象的多种方法。

作业内容：
（1）应用编辑命令如 Erase、Copy、Move、Rotate 等对上机作业中所绘制的图形进行编辑。

（2）在编辑图形时注意比较各种选择对象的方法，如：

删除（R）/上一个（P）/单个（Si）

窗口（W）/上一个（L）/窗交（C）/框（Box）/全部（All）/栏选（F）/

（3）使用绘图和编辑命令绘制下面所示图形。

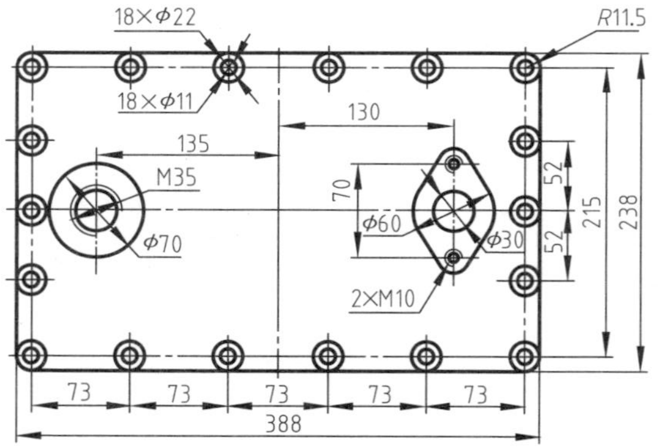

（4）用阵列命令将"基本绘图"中作业（3）的图形排列为下图所示图案。

图层设置

目的要求：
① 掌握设定图层的方法。
② 养成按照图层绘制不同属性对象的画图习惯。
③ 学习利用图层管理图形的办法。

作业内容：
（1）新建图形并根据下表设置图层。

层名	颜色	线型	用　途
0	白	Continous	图框
粗实线	白	Continous	可见轮廓线
点画线	蓝绿	Center2	对称中心线、回转轴线
虚线	黄	Hidden2	不可见轮廓线
细实线	红	Continous	剖面线、波浪线等
尺寸	蓝	Continous	尺寸标注

（2）在设定好图层的图形文件中绘制下面图形，注意不同线型对象应绘在与其相应的图层上，并设定线型比例 LTSCALE＝0.5。

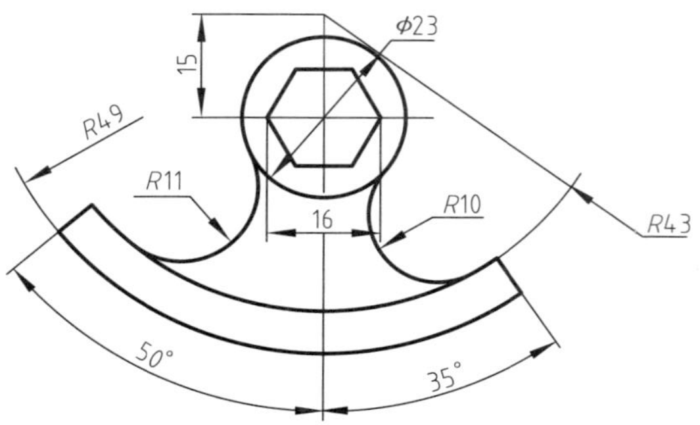

图案填充

目的要求：

① 掌握图案填充和绘制剖面线的方法。

② 了解编辑图案填充的操作。

作业内容：

（1）绘制下图。

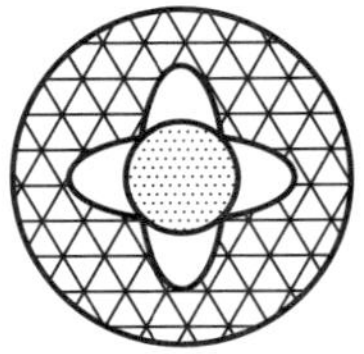

（2）绘制下图所示图形，要求按照轮廓线、剖面线、中心线等分别设置图层。

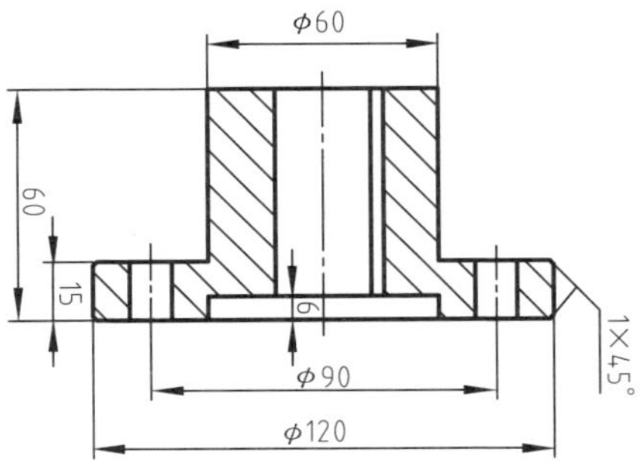

φ60
60
15
6
φ90
φ120
1×45°

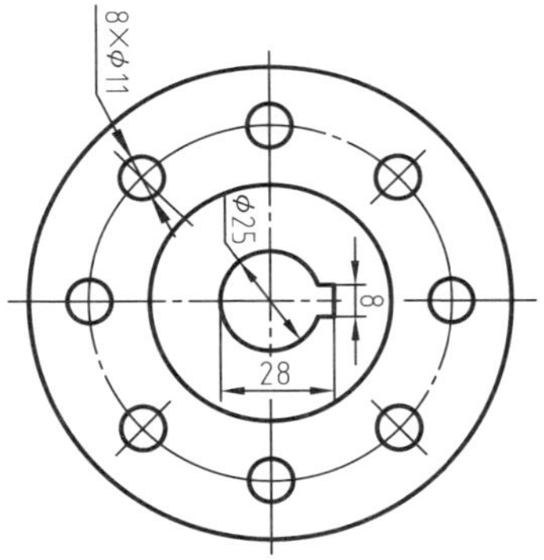

8×φ11
φ25
8
28

（3）使用不同的填充图案和填充比例修改上图中的剖面线。

54

文本注写

目的要求：

① 掌握在 AutoCAD 图形中注写文字的方法。

② 掌握各种特殊符号的输入方法。

作业内容：

绘制下面所示图形，设定图幅为 A4，注意技术要求的注写和标题栏的绘制，标题栏具体尺寸参考教材。

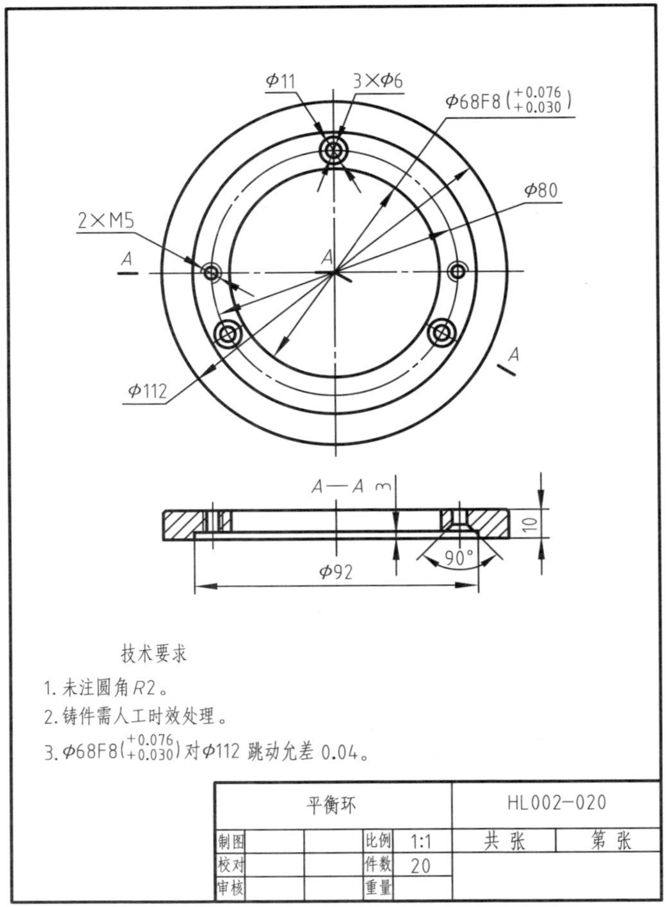

φ11
3×φ6
φ68F8($^{+0.076}_{+0.030}$)
φ80
2×M5
A
φ112
A—A
3
10
90°
φ92
技术要求
1. 未注圆角R2。
2. 铸件需人工时效处理。
3. φ68F8($^{+0.076}_{+0.030}$)对φ112 跳动允差 0.04。
平衡环
HL002-020
制图
校对
审核
比例 1:1
件数 20
重量
共 张
第 张

55

尺寸标注

目的要求：

　　① 掌握标注尺寸的各种命令。

　　② 学会新建自己的标注尺寸样式，能用多种尺寸样式进行尺寸标注。

　　③ 掌握尺寸样式的管理，能对样式不合适的尺寸进行修改，并会标注尺寸公差和形位公差。

作业内容：

　　（1）绘制下图所示图形，并标注尺寸。

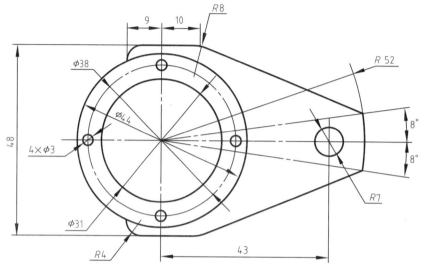

　　（2）绘制下图所示柱塞的图形，并标注尺寸。

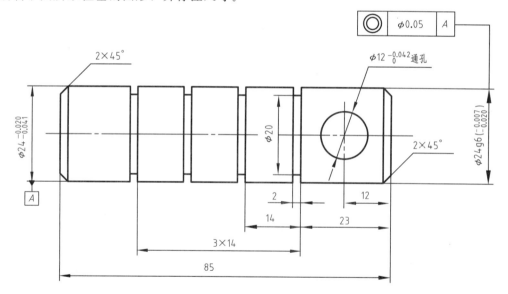

图块的应用

目的要求：

① 了解图块的概念和图块的定义方法。

② 掌握插入图块的操作步骤。

作业内容：

（1）绘制右图所示表面粗糙度符号。

（2）参照图给上面绘制的粗糙度符号附加属性，包括以下属性。

标记：*Ra*　提示值：请输入粗糙度值（默认）值：1.6

（3）将表面粗糙度符号及属性一起生成"粗糙度"图块。

（4）绘制下面所示平衡盘图形，并将上面制作的粗糙度图块插入到图形中。

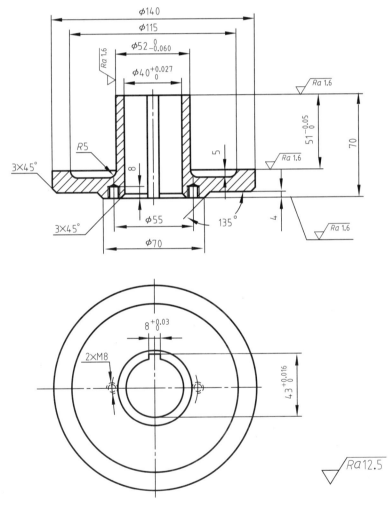

综合图例的绘制

目的要求：

作业内容：

综合运用各种相关知识绘出复杂的图形。

设定作图范围为 A3 图纸，按 1：1 的比例绘制下面所示缸盖零件作图。

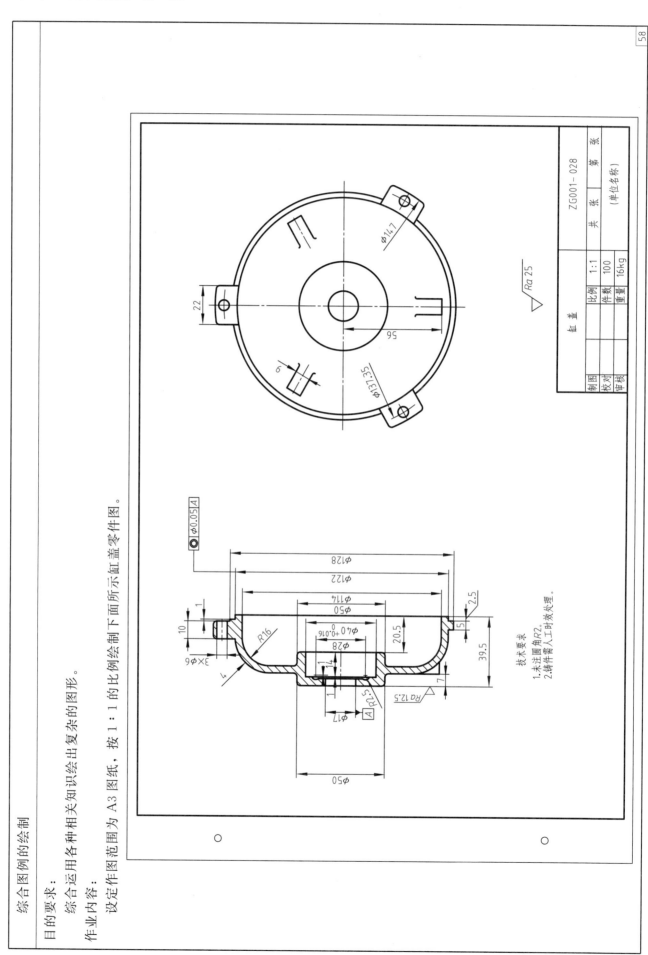

试分析下列物体的表面交线，并画全三视图（在 AutoCAD 平台中完成）。

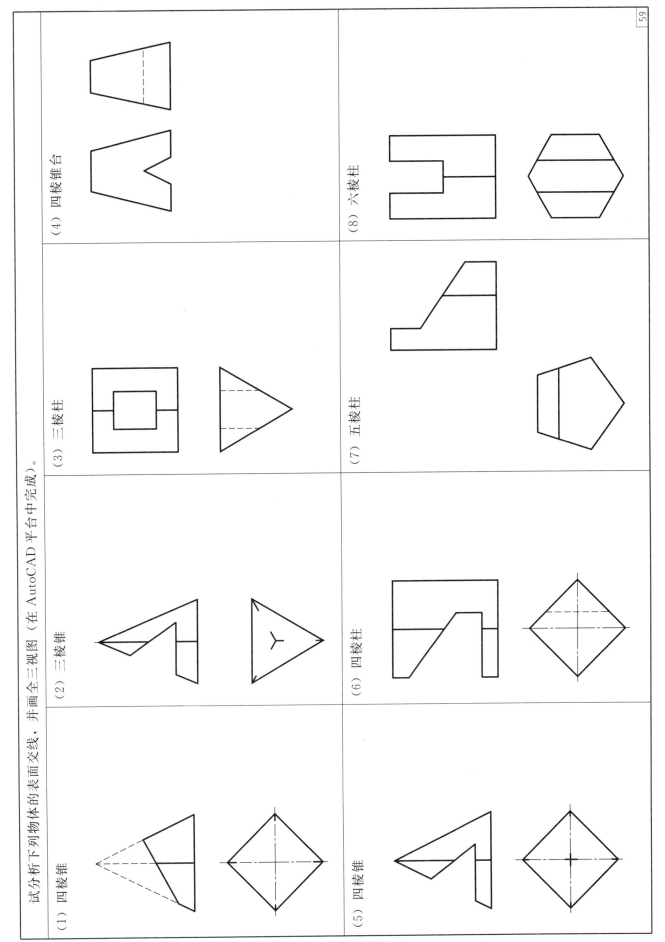

（1）四棱锥

（2）三棱锥

（3）三棱柱

（4）四棱锥台

（5）四棱锥

（6）四棱柱

（7）五棱柱

（8）六棱柱

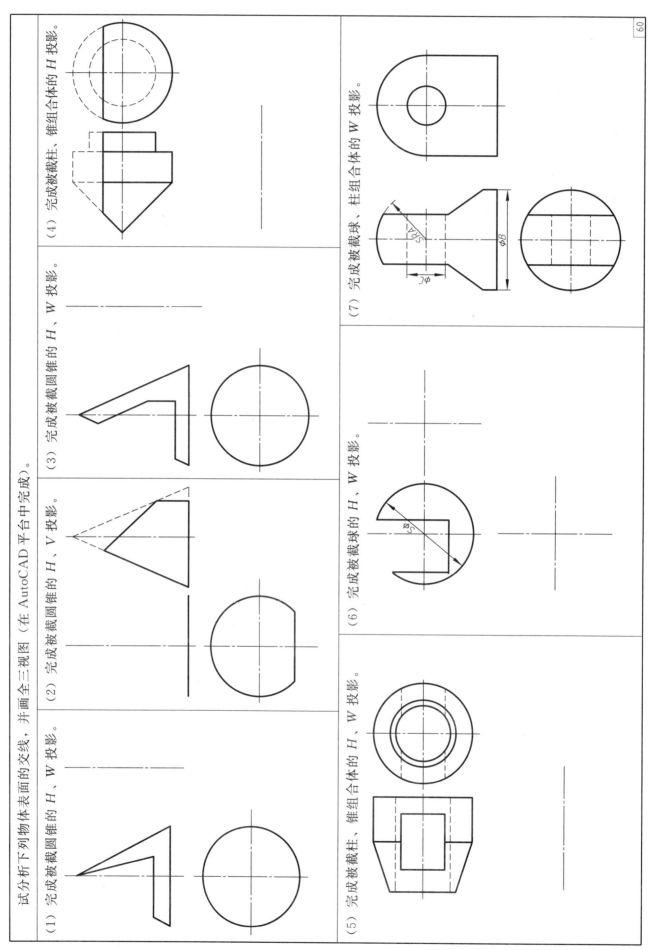

试分析下列物体表面的交线，并画全三视图（在 AutoCAD 平台中完成）。

（1）完成被截圆锥的 H、W 投影。

（2）完成被截圆锥的 H、V 投影。

（3）完成被截圆锥的 H、W 投影。

（4）完成被截锥、锥组合体的 H 投影。

（5）完成被截圆柱、锥组合体的 H、W 投影。

（6）完成被截球的 H、W 投影。

（7）完成被截球、柱组合体的 W 投影。

根据已知视图构造实体，补画遗漏的线（在 AutoCAD 平台中完成）。

根据左、俯视图构造实体，补画出左视图（在 AutoCAD 平台中完成）。

根据主、左视图构造实体，补画出俯视图（在 AutoCAD 平台中完成）。

2.2 三维形体生成二维视图

根据已知视图构造实体（物体大小自行设计），并补画第三视图（在 AutoCAD 平台中完成）。

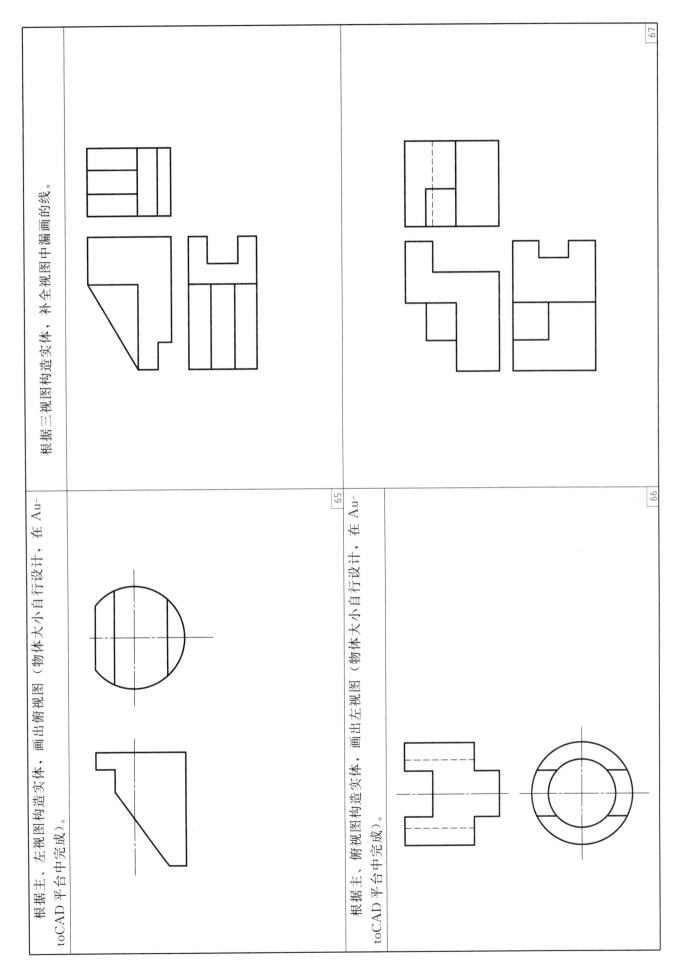

根据三视图构造实体，补全视图中漏画的线。

根据主、左视图构造实体，画出俯视图（物体大小自行设计，在 AutoCAD 平台中完成）。

根据主、俯视图构造实体，画出左视图（物体大小自行设计，在 AutoCAD 平台中完成）。

3 零件图与装配图

3.1 零件图绘制与阅读

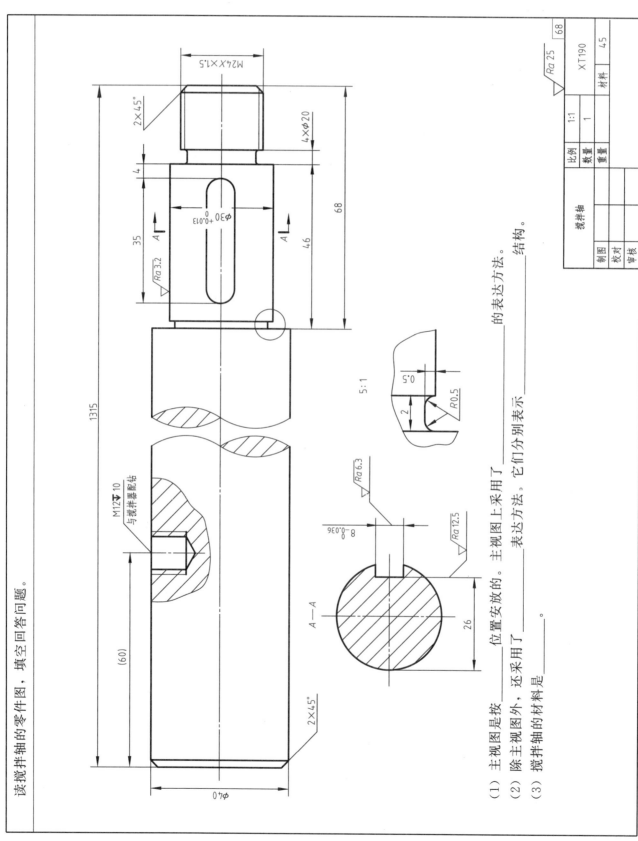

读搅拌轴的零件图，填空回答问题。

（1）主视图是按_____位置安放的。主视图上采用了_____的表达方法。

（2）除主视图外，还采用了_____表达方法。它们分别表示_____结构。

（3）搅拌轴的材料是_____。

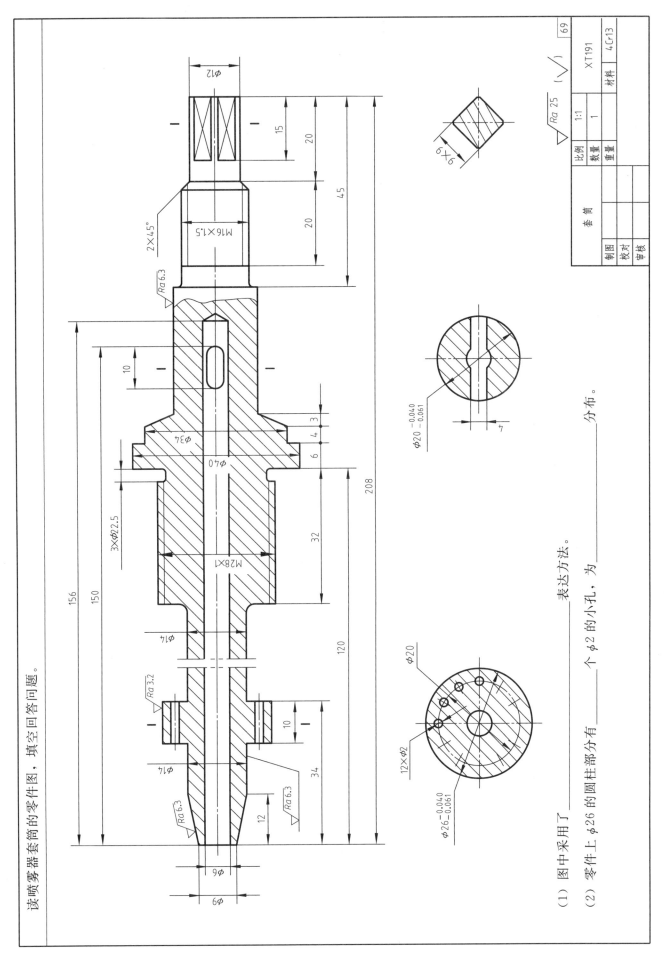

读喷雾器套筒的零件图，填空回答问题。

(1) 图中采用了＿＿＿＿＿＿表达方法。

(2) 零件上 φ26 的圆柱部分有＿＿＿个 φ2 的小孔，为＿＿＿＿＿分布。

			套筒		
制图				比例	1:1
校对				数量	1
审核				重量	
				材料	4Cr13
					XT191

$\sqrt{Ra\ 25}$ （√）   69

读釜盖的零件图，试填空回答下列问题。

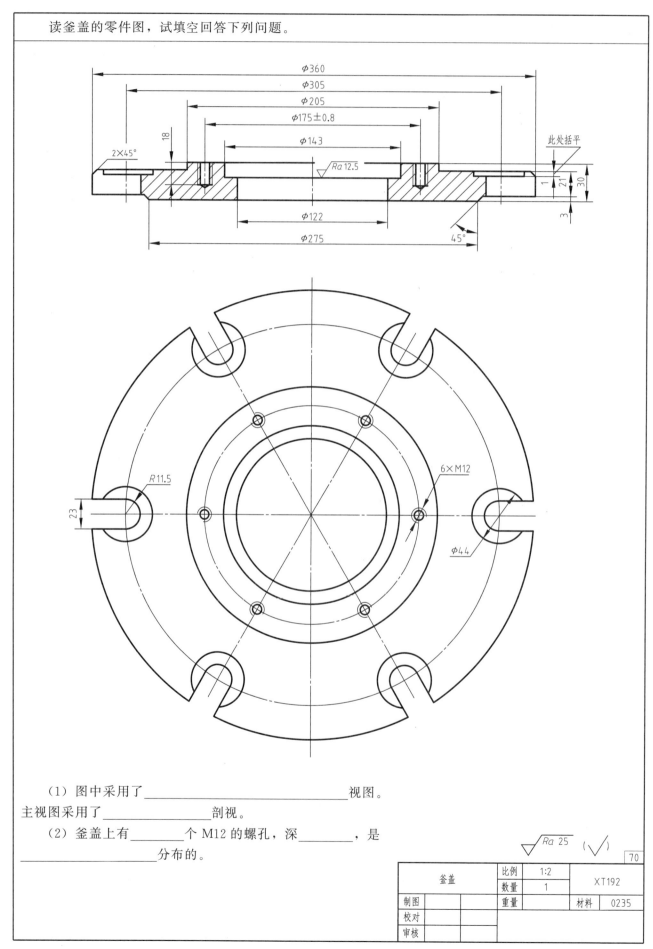

（1）图中采用了_____视图。

主视图采用了_____剖视。

（2）釜盖上有_____个 M12 的螺孔，深_____，是_____分布的。

釜盖	比例	1:2	XT192
	数量	1	
制图		重量		材料	0235
校对			
审核			

读托架的零件图，补画其俯视图，填空回答问题。

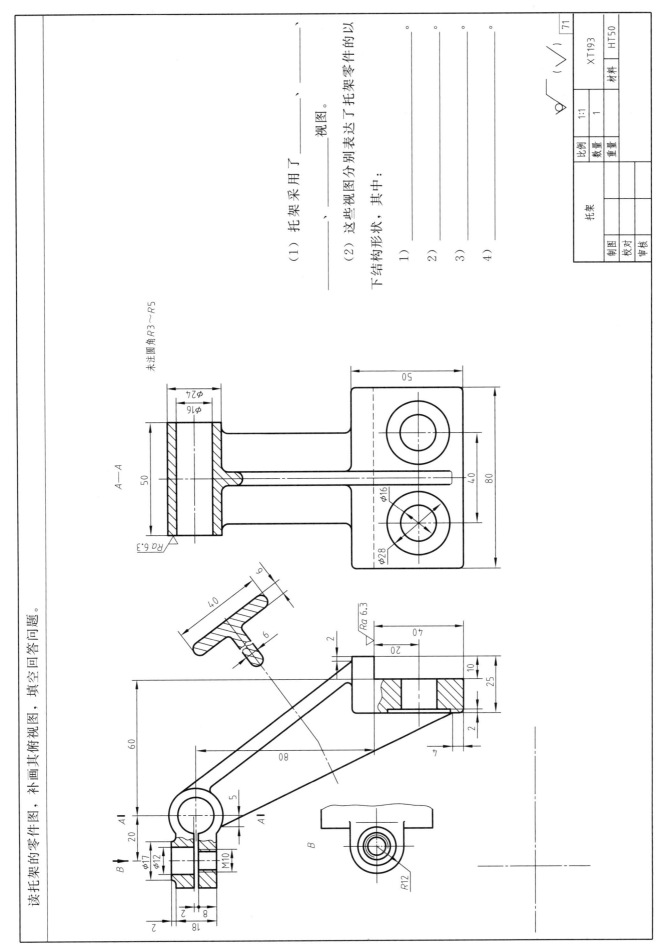

未注圆角R3~R5

（1）托架采用了_____、_____、_____视图。

（2）这些视图分别表达了托架零件的以下结构形状，其中：

1）_____

2）_____

3）_____

4）_____

托架				比例	1:1	$\sqrt{}$ (√)		71
				数量	1		XT193	
				重量		材料	HT50	
制图								
校对								
审核								

根据表中给定的表面粗糙度，将其正确地标注在图上。

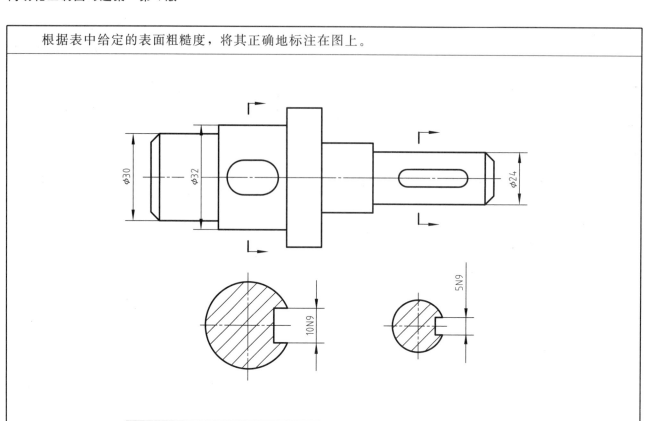

φ30圆柱面	φ32圆柱面	φ24圆柱面	键槽两侧面	其余表面
√Ra 1.6	√Ra 1.6	√Ra 3.2	√Ra 6.3	√Ra 12.5

找出轴承套（回转体）图中表面粗糙度代号的标注错误，并在右图中作正确的标注。

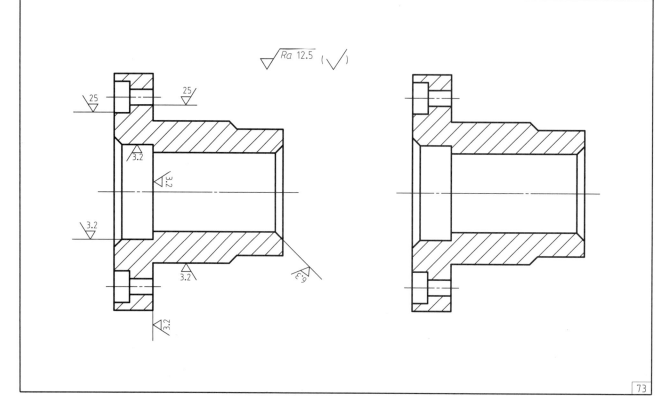

按照装配图中的配合代号，分别在零件图上注出基本尺寸和上、下偏差，并填空回答下列问题。

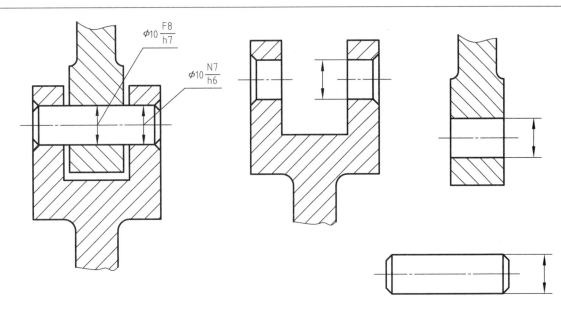

图中配合代号 $\phi10\dfrac{F8}{h7}$ 中，$\phi10$ 表示 _____ 尺寸；F8/h7 表示 _____ 制的 _____ 配合。其公差

等级：孔 _____ 级，轴 _____ 级。孔的上偏差为 _____、下偏差为 _____、基本偏差为

_____；轴的上偏差为 _____、下偏差为 _____、基本偏差为 _____。

图中配合代号 $\phi10\dfrac{N7}{h6}$，表示 _____ 制的 _____ 配合。

74

根据已知零件的尺寸，在右图中标注配合代号并回答问题。

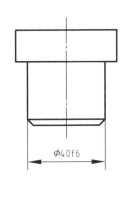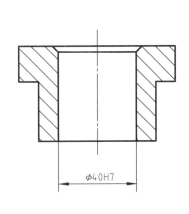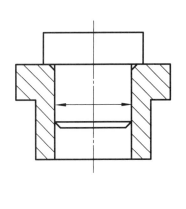

$\phi40f6$

$\phi40H7$

两零件装配后，形成 _____ 制的 _____ 配合，配合代号为 _____；

孔的上偏差为 _____、下偏差为 _____、基本偏差为 _____、公差等级为 _____；

轴的上偏差为 _____、下偏差为 _____、基本偏差为 _____、公差等级为 _____。

75

根据零件的轴测图，在方格纸上画出其零件草图。

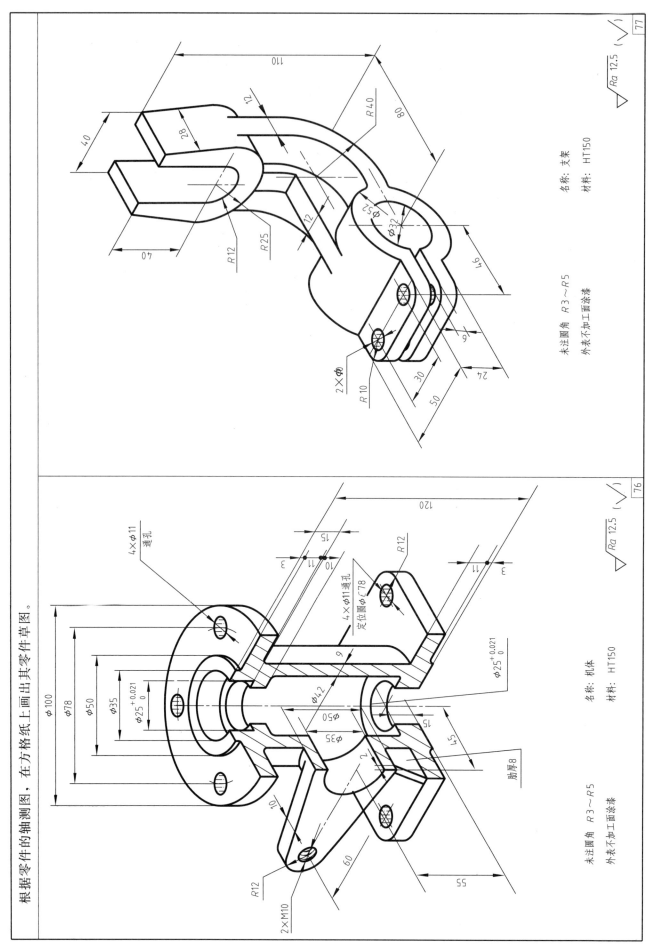

名称：支架　　材料：HT150

未注圆角 R 3～R 5

外表不加工面涂漆

$\sqrt{Ra\ 12.5}$ （$\sqrt{\ }$）

名称：机体　　材料：HT150

未注圆角 R 3～R 5

外表不加工面涂漆

$\sqrt{Ra\ 12.5}$ （$\sqrt{\ }$）

读轴承架的零件图，分析零件的结构形状，画出其俯视图外形。并填空回答问题。

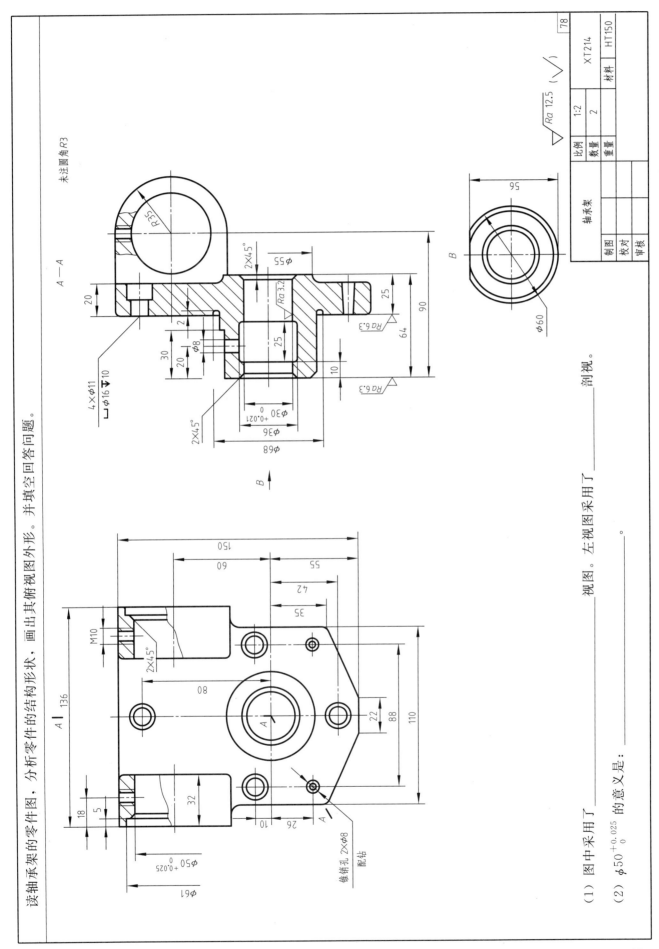

未注圆角 R3

A－A

$4 \times \phi 11$
$\sqcup \phi 16 \, \overline{\underline{\vee}} \, 10$

$2 \times 4.5°$

$\phi 55$

$Ra \, 3.2$

$\phi 8$

25

$\phi 30 \, {}^{+0.021}_{0}$

$\phi 36$

$\phi 68$

$2 \times 4.5°$

20

2

30

20

25

64

90

10

$Ra \, 6.3$

$Ra \, 6.3$

R35

B

B

$\phi 60$

56

$\sqrt{Ra \, 12.5} \, (\sqrt{})$

轴承架			
	比例	1:2	XT214
	数量	2	材料 HT150
	重量		
制图			
校对			
审核			

78

M10

$2 \times 4.5°$

A

136

80

22

88

110

150

60

55

42

35

18

5

32

26

10

A

$\phi 50 \, {}^{+0.025}_{0}$

$\phi 61$

锥销孔 $2 \times \phi 8$
配钻

(1) 图中采用了_____视图。左视图采用了_____剖视。

(2) $\phi 50 \, {}^{+0.025}_{0}$ 的意义是：_____。

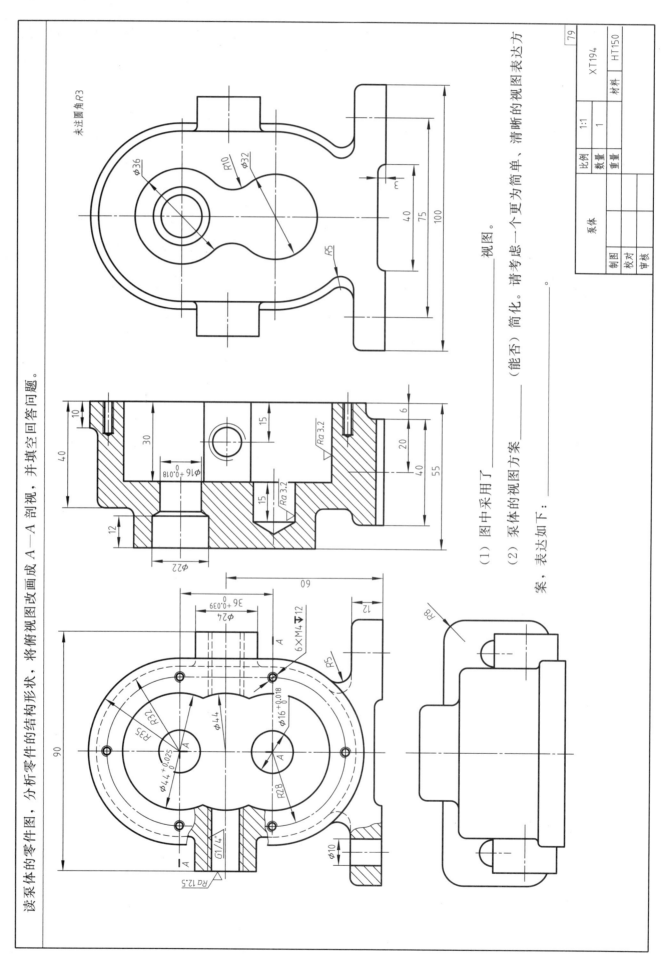

读泵体的零件图，分析零件的结构形状，将俯视图改画成 A—A 剖视，并填空回答问题。

未注圆角 R3

视图。

(1) 图中采用了＿＿＿视图。

(2) 泵体的视图方案＿＿＿＿（能否）简化。请考虑一个更为简单、清晰的视图表达方案，表达如下：

泵体		比例	1:1	XT194
		数量	1	
		重量		材料　HT150
制图				
校对				
审核				

48

读箱体的零件图，分析箱体各个方向的尺寸基准，试予注明。在指定位置画出 A—A 剖视图，并填空回答问题。

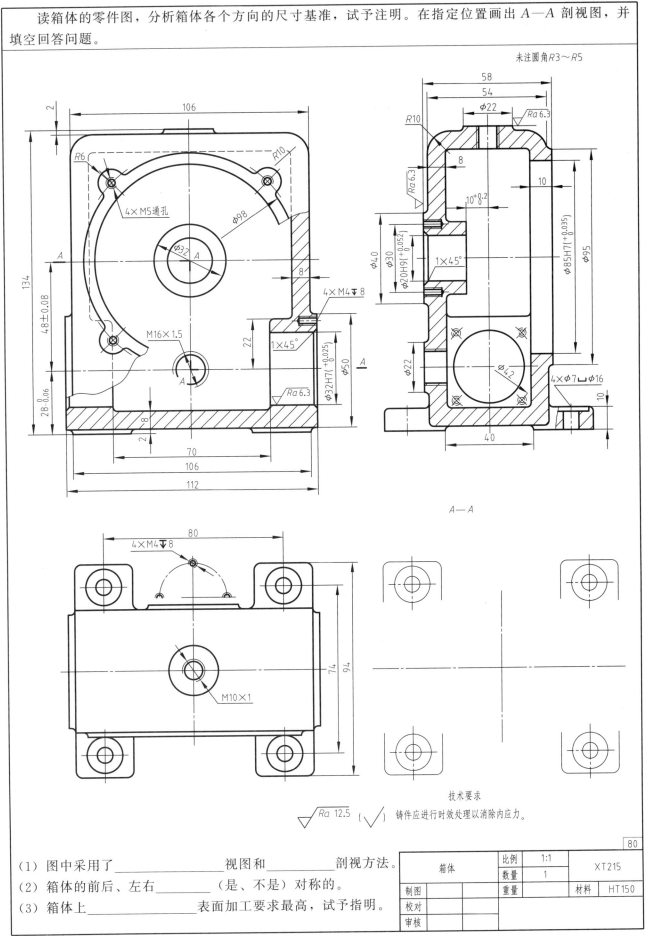

（1）图中采用了＿＿＿＿＿＿＿＿＿视图和＿＿＿＿＿＿剖视方法。

（2）箱体的前后、左右＿＿＿＿＿＿（是、不是）对称的。

（3）箱体上＿＿＿＿＿＿＿＿＿表面加工要求最高，试予指明。

箱体	比例	1:1	XT215
	数量	1	
制图		重量	材料　HT150
校对			
审核			

49

3.2 螺纹连接与标准件

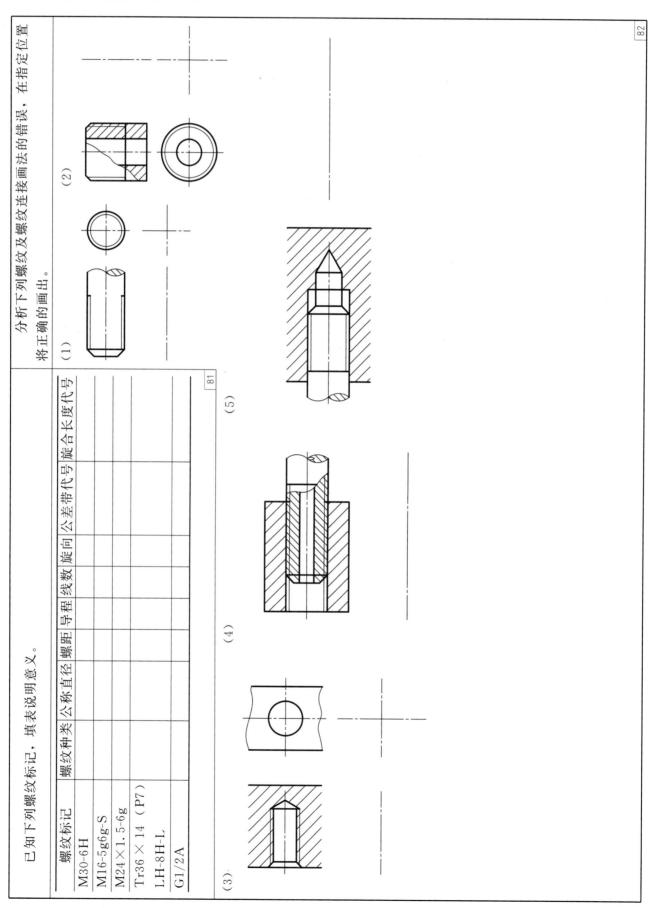

已知下列螺纹标记，填表说明意义。

螺纹标记	螺纹种类	公称直径	螺距	导程	线数	旋向	公差带代号	旋合长度代号
M30-6H								
M16-5g6g-S								
M24×1.5-6g								
Tr36×14（P7）								
LH-8H-L								
G1/2A								

分析下列螺纹及螺纹连接画法的错误，在指定位置将正确的画出。

（1）

（2）

（3）

（4）

（5）

按已知条件画出螺纹或螺纹连接的两视图，并标注（1）、（2）题的尺寸。

（1）在 $d=16$mm、$L=45$mm 的圆柱杆上车削普通螺纹，螺距 $t=2$mm，螺纹部分长 22mm，倒角宽度 $c=2$mm。

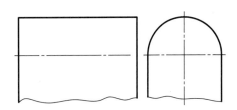

（2）已知机件上有一 M16 的螺孔，螺纹深 26mm，钻孔深 30mm，试画出螺孔的剖视图。

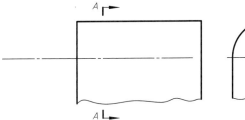

（3）将题（1）之螺纹件旋入题（2）之螺孔中（旋紧为止），试画出它们的连接装配图，并画出 A—A 剖视图。

85

已知一螺母的规定标记为：螺母 GB/T 41 M24，试用比例画法画出其三视图。

84

极限与配合基本概念填空题。

(1) 尺寸公差带是由____和____两部分组成。

确定公差带的位置，____确定公差带的大小。

(2) 配合有____、____和____三类。孔公差带位于轴公差带之上时，是____配合；孔公差带位于轴公差带之下时，是____配合。带与轴公差带有交叠时，是____配合。

(3) 基孔制的孔（基准孔）用符号____表示，其基本偏差为____偏差。基轴制的轴（基准轴）用符号____表示，其基本偏差为____偏差。基准孔和基准轴的基本偏差值均为____。

(4) 国家标准规定的公差等级共有____，最高级为____，最低级为____。

查表注出下列紧固件规定的尺寸数值，并写出其规定标记。

(1) C级六角头螺栓

M30　90　规定标记

(2) 双头螺柱（两端均为粗牙普通螺纹，b_m=1.25d，按B型制造）

M16　40　规定标记

(3) C级六角螺母

M20　规定标记

(4) 平垫圈（公称直径16mm，性能等级为A140级）

规定标记

86

(5) 开槽沉头螺钉

M10　45　规定标记

(6) 开槽锥端紧定螺钉

M10　l　规定标记

已知标准直齿圆柱齿轮的模数 $m=5$，齿数 $z=42$，计算轮齿各直径，按 1∶2 的比例画全其两视图，并标注齿轮直径及键槽部分的尺寸。

分度圆直径 d：

齿顶圆直径 d_a：

齿根圆直径 d_f：

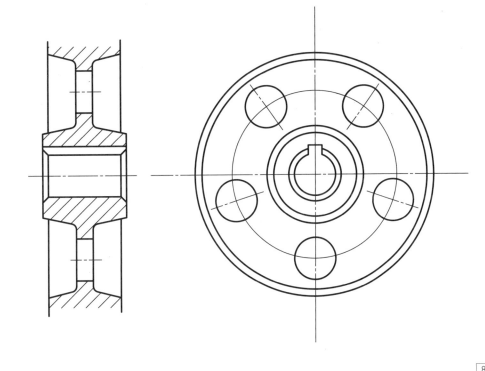

87

已知两标准直齿圆柱齿轮的中心距 $A=114\text{mm}$，大齿轮的模数 $m=4$，齿数 $z_2=38$，计算两齿轮的主要参数，并按 1∶2 的比例画全两个齿轮的啮合图。

大齿轮的主要参数
分度圆直径 d_2：

齿顶圆直径 d_{2a}：

齿根圆直径 d_{2f}：

小齿轮的主要参数

齿数 z：

分度圆直径 d_1：

齿顶圆直径 d_{1a}：

齿根圆直径 d_{1f}：

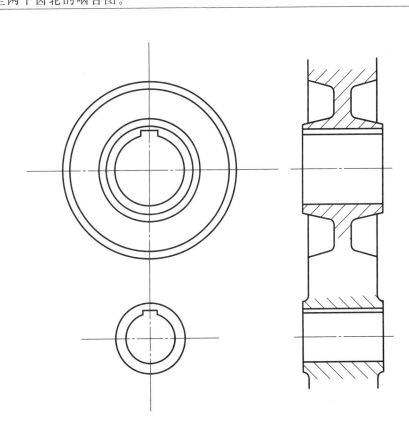

88

3.3 装配图绘制

　　已知两零件中的圆孔直径为 $\phi18$，厚度如图所示，试选用适当的螺栓、螺母和垫圈，用比例画法画出其连接装配图，并将所选紧固件的标记注写在下方给定的位置上。

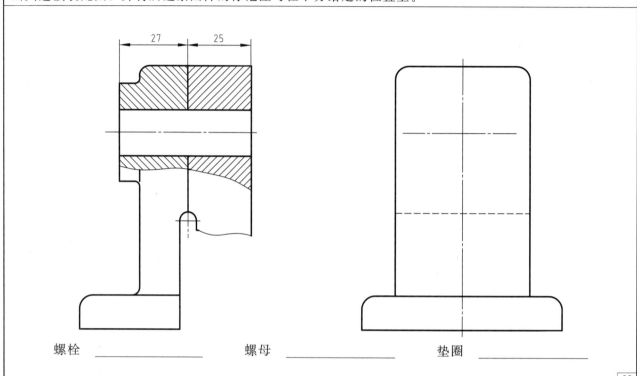

螺栓 _____　　　　螺母 _____　　　　垫圈 _____

89

　　已知三角皮带轮和轴用圆头普通平键连接，平键标准为：GB/T 1096 键 12×32，试分别查表注出键、轮毂和轴上键槽的有关尺寸，并在右下角按 1：2 的比例画出它们的装配图。

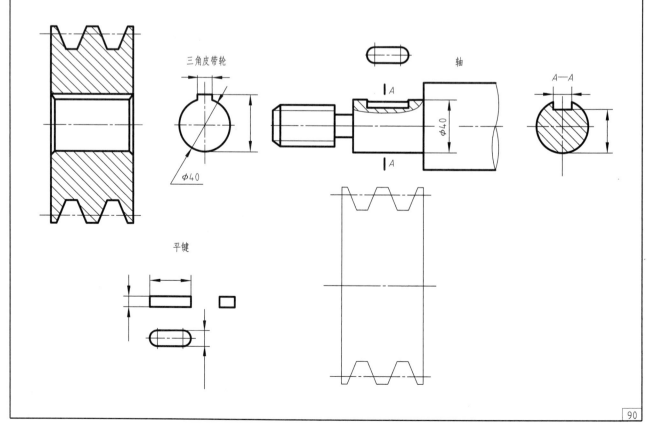

90

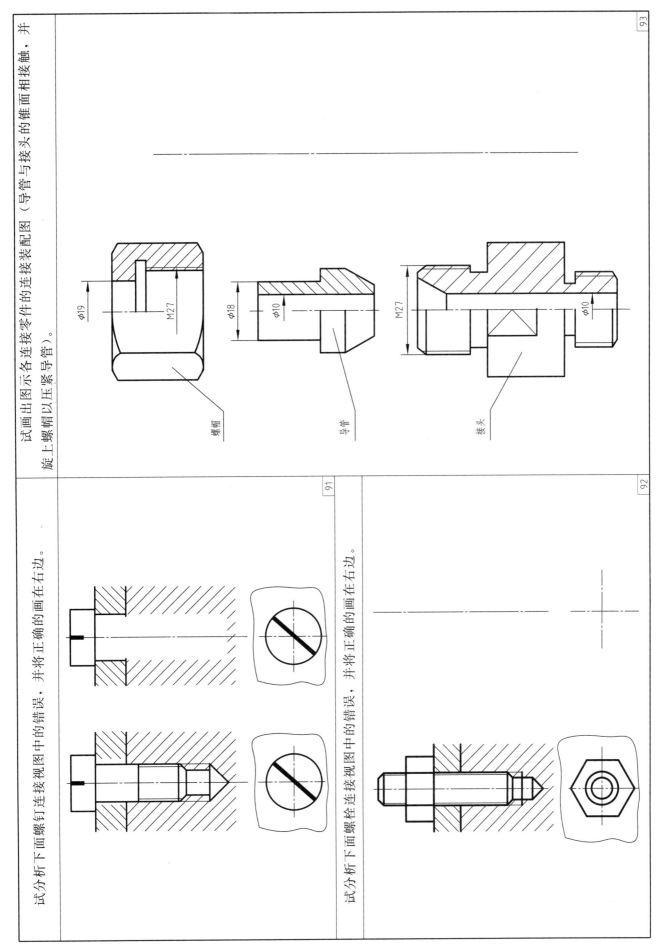

试画出图示各连接零件的连接装配图（导管与接头的锥面相接触，并旋上螺帽以压紧导管）。

螺帽

导管

接头

试分析下面螺钉连接视图中的错误，并将正确的画在右边。

试分析下面螺栓连接视图中的错误，并将正确的画在右边。

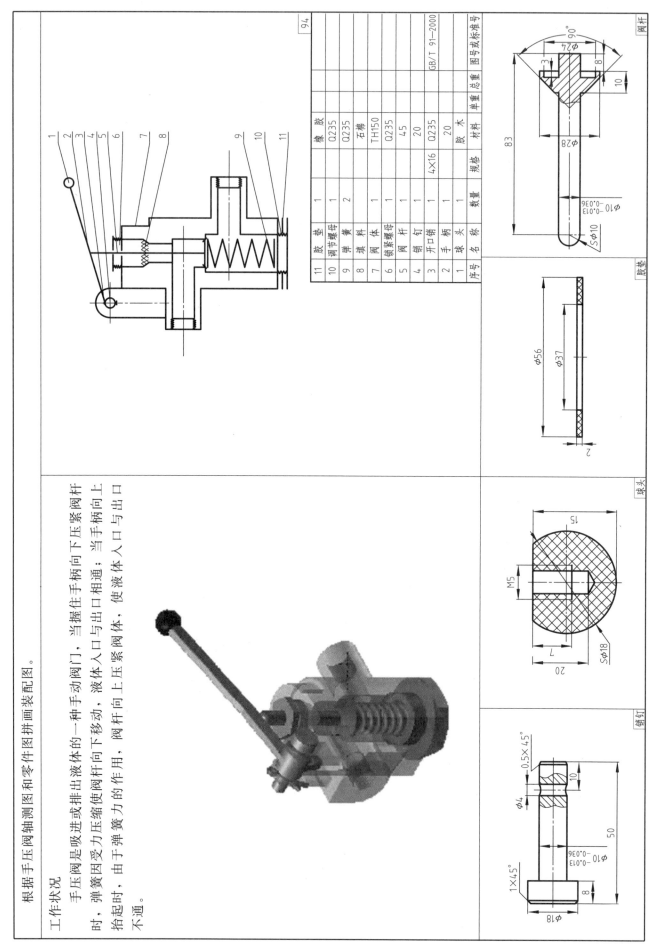

根据手压阀轴测图和零件图拼画装配图。

工作状况

手压阀是吸进或排出液体的一种手动阀门，当握住手柄向下压紧阀杆时，弹簧因受力压力压缩使阀杆向下移动，液体入口与出口相通；当手柄向上抬起时，由于弹簧力的作用，阀杆向上压紧阀体，使液体入口与出口不通。

94

序号	名称	数量	规格	材料	单重	总重	图号或标准号
11	胶垫	1		橡胶			
10	调节螺母	1		Q235			
9	弹簧	2		Q235			
8	填料	1		石棉			
7	阀体	1		TH150			
6	锁紧螺母	1		Q235			
5	阀杆	1		45			
4	销钉	1		20			
3	开口销	1	4×16	Q235			GB/T 91—2000
2	手柄	1		20			
1	球头	1		胶木			

阀杆

胶垫

球头

销钉

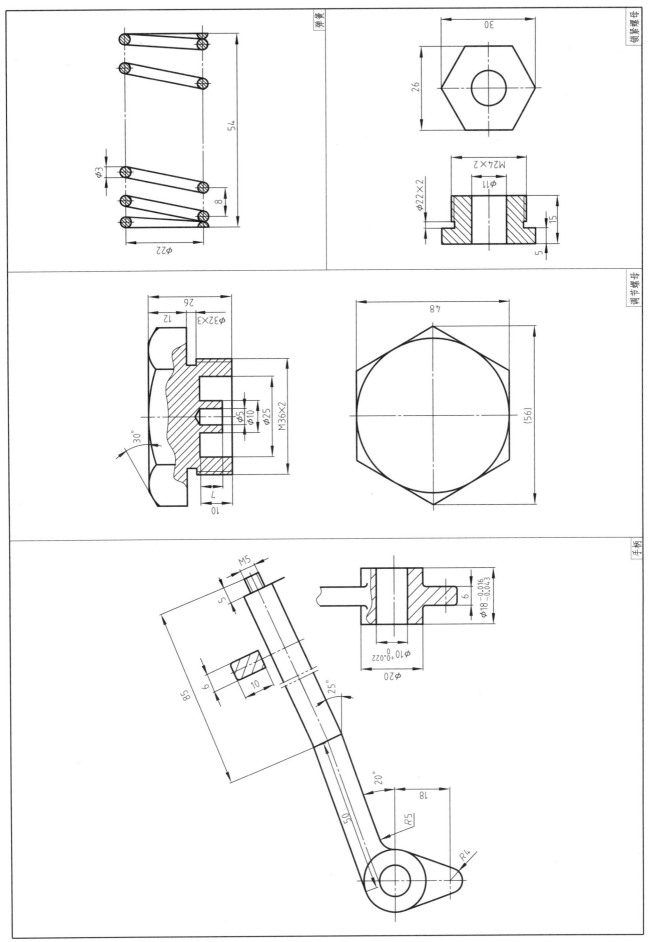

弹簧

锁紧螺母

调节螺母

手柄

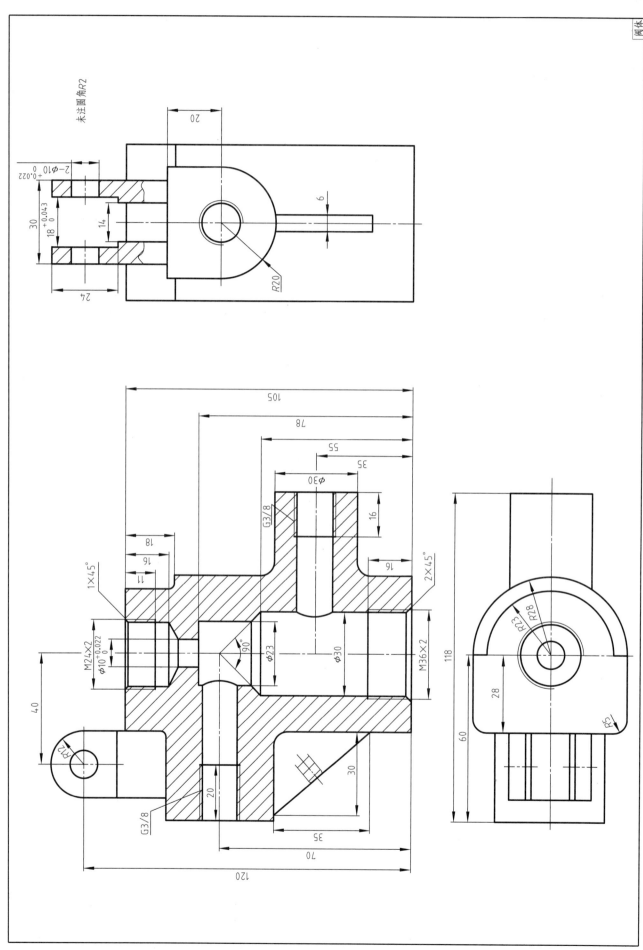

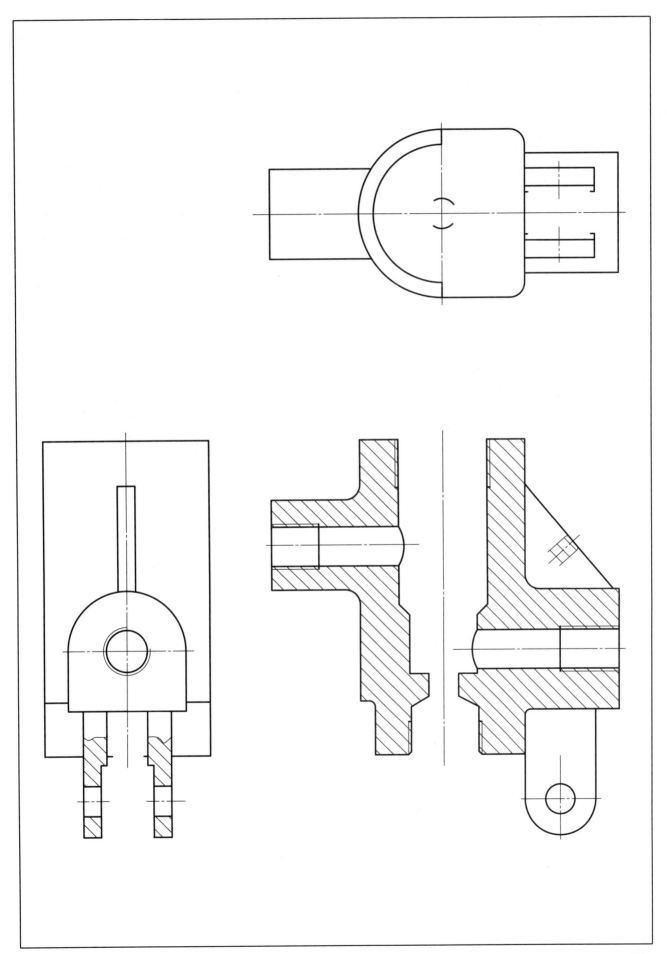

3.4 装配图阅读

读阀门装配图，回答问题并作图。（1）分析零件间的装配关系，说明活门（件 2）的拆卸次序。
（件 4）和压盖螺母（件 8）的视图。

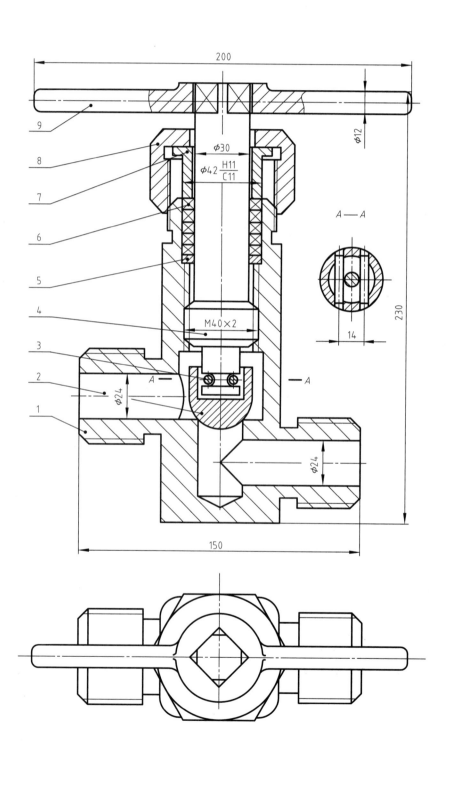

（2）图中 $\phi 42 \dfrac{H11}{C11}$ 表示什么含义？（3）读懂各零件的形状，并分别画出壳体（件1）、活门（件2）、轴

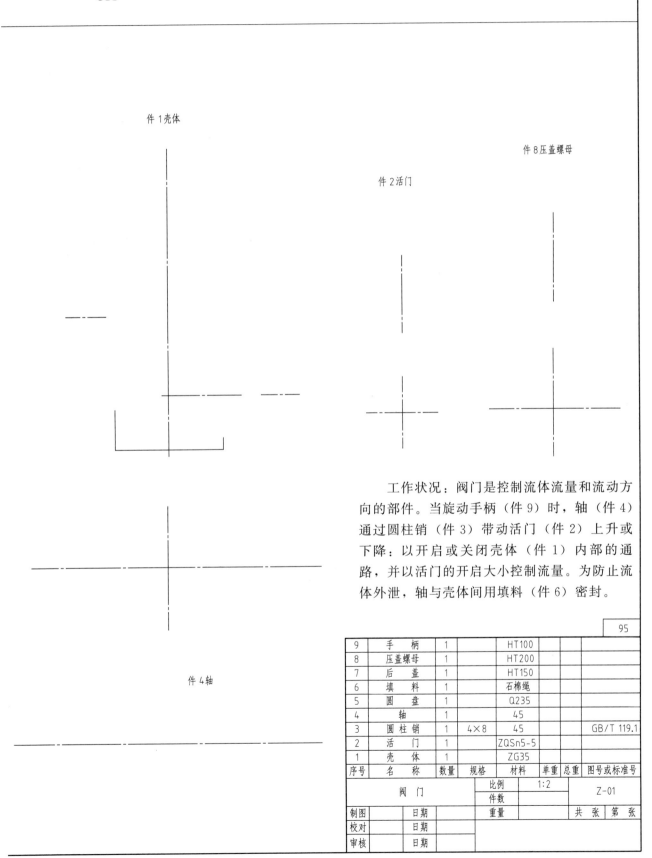

件1壳体

件2活门

件8压盖螺母

件4轴

工作状况：阀门是控制流体流量和流动方向的部件。当旋动手柄（件9）时，轴（件4）通过圆柱销（件3）带动活门（件2）上升或下降：以开启或关闭壳体（件1）内部的通路，并以活门的开启大小控制流量。为防止流体外泄，轴与壳体间用填料（件6）密封。

95

9	手 柄	1		HT100			
8	压盖螺母	1		HT200			
7	后 盖	1		HT150			
6	填 料	1		石棉绳			
5	圆 盘	1		Q235			
4	轴	1		45			
3	圆柱销	1	4×8	45			GB/T 119.1
2	活 门	1		ZQSn5-5			
1	壳 体	1		ZG35			
序号	名 称	数量	规格	材料	单重	总重	图号或标准号

阀 门	比例	1:2	Z-01
	件数		
制图　　　日期	重量		共 张 第 张
校对　　　日期			
审核　　　日期			

读下面柱塞泵装配图，回答问题并作图。（1）分析所采用的视图以及各视图的作用。（2）分析零求？试说明各配合代号的含义。（4）读懂柱塞泵装配图，拆画泵体（件5）、管接头（件9）、螺塞（件

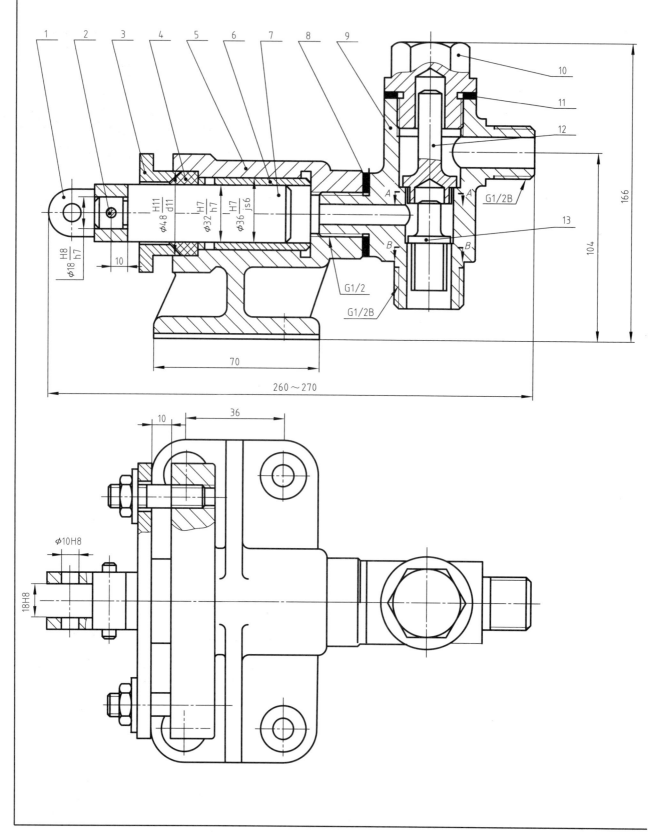

件间的装配关系，写出下阀瓣（件13）和衬套（件6）的拆卸次序。（3）柱塞泵上哪些表面有配合要
10）、上阀瓣（件12）的零件图（只要求用合适的表达方法表示形体，尺寸、表面粗糙度等省略）。

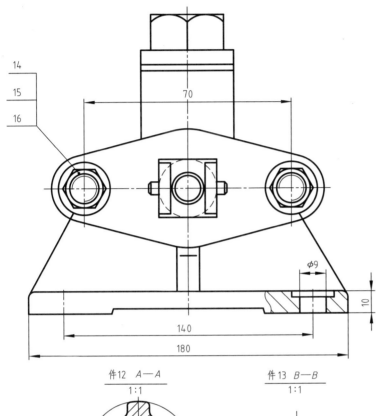

件12 A—A
1:1

件13 B—B
1:1

工作状况：柱塞泵是用来提高输送液体压力的供油部件。当柱塞泵往复运动时，液体由下阀瓣（件13）处流入，上阀瓣（件12）处流出。当柱塞（件7）在外力的推动下向左移动时，腔体内体积增大，形成负压，液体在大气压的作用下推开下阀瓣进入腔体，而上阀瓣在负压作用下紧紧关闭。当柱塞向右移动时，腔体内体积减小，压力增大，下阀瓣关闭，上阀瓣打开，液体流出。由于柱塞的往复运动，液体不断地输入到润滑系统或其他需要的地方。

96

9	管接头	1		HT200			
8	垫圈	1		纸			
7	柱塞	1		45			
6	衬套	1		ZCuZn38Mn2Pb2			
5	泵体	1		HT200			
4	填料			油麻绳			
3	压盖	1		HT150			
2	销	1	A5×30	35			
1	连套	1					GB/T 117
序号	名 称	数量	规格	材料	单重	总重	图号或标准号

16	垫圈	2	10-140HV		GB/T 848
15	螺母	2	M10		GB/T 41
14	螺柱	2	M10×30		GB/T 5780
13	下阀瓣	1		ZCuZn38Mn2Pb2	
12	上阀瓣	1		ZCuZn38Mn2Pb2	
11	垫圈	1		纸	
10	螺塞	1		Q235-A	

柱塞泵		比例	1:2	6A10-00
		件数		
制图	日期	重量		
校对	日期		共 张 第 张
审核	日期		

读隔膜阀的装配图，回答问题并作图。（1）分析所采用的视图以及各视图的作用。（2）分析零件间的装配关系，写出阀杆（件 8）的拆卸次序。（3）试说明塞子（件 13）和紧定螺钉（件 11）起什么作用。（4）读懂各零件形状，分别画出阀体（件 7）、套筒（件 6）和阀杆（件 8）的零件图（用适合的表达方法表示形体，尺寸、表面粗糙度等省略）。

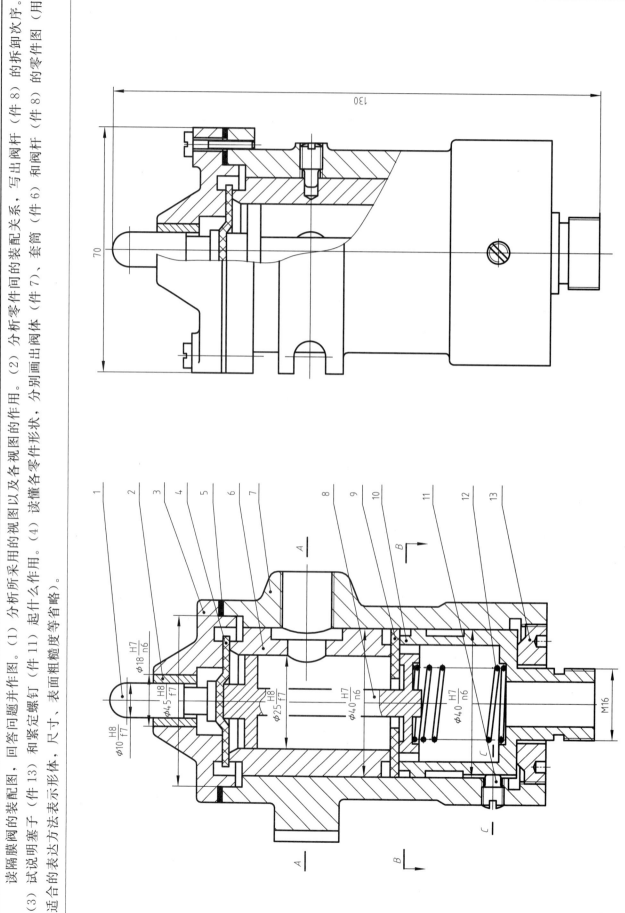

工作状况：隔膜阀是一种节制气流的阀门，当阀帽（件1）受外力作用下压时，固定在阀杆（件8）上的隔膜（件4）因弹力作用下压阀杆，这样，与阀杆连接的弹簧（件12）被压缩使阀杆与胶垫（件9）间产生空隙，而阀门底部进入的气体就均匀地流入阀体（件7）而排出，阀帽外力消除后，由于弹簧的弹力使阀杆压紧胶垫堵塞而气流不通。

序号	名称	数量	规格	材料	图号或标准号
14	螺钉	2	M6×20	Q235	GB/T 65
13	塞子	1		Q235	
12	弹簧	1		50CrVA	
11	紧定螺钉	2	M6×10		GB/T 75
10	阀套	1		Q235	
9	胶垫	1		橡胶	
8	阀杆	1		45	
7	阀体	1		HT150	
6	套筒	1		Q235	
5	套衬	1		橡胶	
4	隔膜	1		橡胶	
3	盖子	1		HT150	
2	衬套	1		Q235	
1	阀帽	1		45	

隔膜阀

比例 1:1   件数   重量   单重   总重   共 张   第 张

制图   日期
校对   日期
审核   日期

97

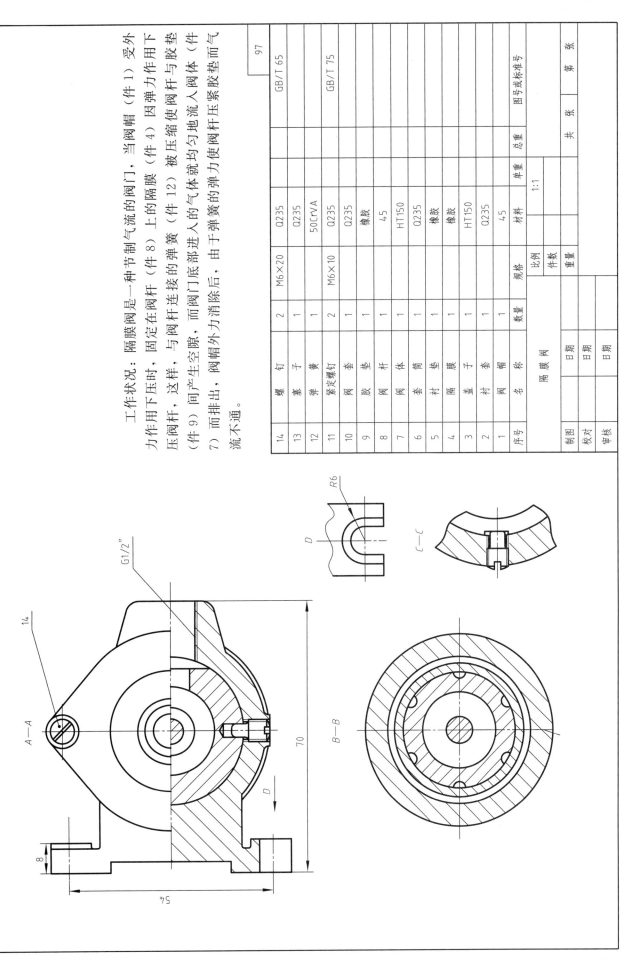

4 化工工艺图

4.1 工艺流程图

读懂工艺管道及仪表流程图，并回答下列问题。

(1) 工艺管道及仪表流程图一般含有如下内容：____、____、____、____、____、____、____。

(2) 工艺管道及仪表流程图采用什么比例绘制？图幅一般采用____幅面。

(3) 工艺管道及仪表流程图中的设备、机器用____线绘制，绘制时，图中各设备、机器的位置要便于____，其相互间物料关系密切者（如高位槽液体自流入贮槽，液体由泵送入塔顶等）的高低相对位置要与____相吻合。

(4) 在工艺管道及仪表流程图中，设备（机器）应标注设备____或____，要求排列整齐，并尽可能____。例如该图中的设备位号"V1002"，位号和____在设备的____，"V"表示____，"10"表示____，"02"表示____。

(5) 在工艺管道及仪表流程图中，主物料管道用____线绘制，仪表管道用____线绘制，其他物料管道用____线绘制。

(6) 工艺管道及仪表流程图中要标注管道组合号。管道组合号由____和____六个部分组成。标注时，横向管道注于管道的____侧，竖向管道注于管道的____方。该图中的"PL1002-76×4"即是管道组合号，其中"PL"表示____，"02"表示____，"76×4"表示____。

(7) 在工艺管道及仪表流程图中，管道上阀门、管件和管道附件按规定图形符号用____线绘制。在图中下列符号的名称是：____；____；____。

(8) 在工艺管道及仪表流程图中，检测仪表用圆画出，其直径为____mm，线型为____线。圆中注上被测变量代号和功能字母代号与工序号和顺序号。图中代号P、T、R、C和I分别表示____、____、____、____和____。

(9) 从该图中可读出该工段有____台设备（机器）。来自P1001的工艺液体（经管道PL1001-76×4）和来自V1001的工艺气体（经管道____）一起进入T1001氧化塔。来自V1008的低压蒸汽经管道____进入塔内换热器，与上述的工艺液体和工艺气体换热后经管道____排出。物料在塔内换热过程中进行化学反应，器的加热过程中进行化学反应，由塔顶经管道____进____入____。

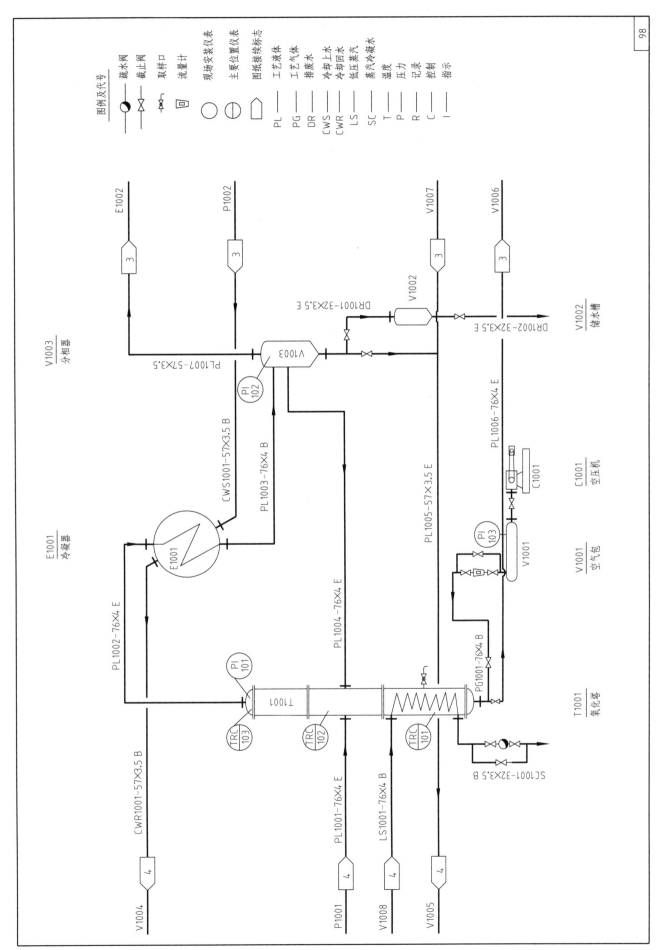

4.2 管道布置图

参照《简明化工制图》(第 4 版)图 10-16，画全下面图示的平面图和 *A—A* 剖视图，回答下列
问题。

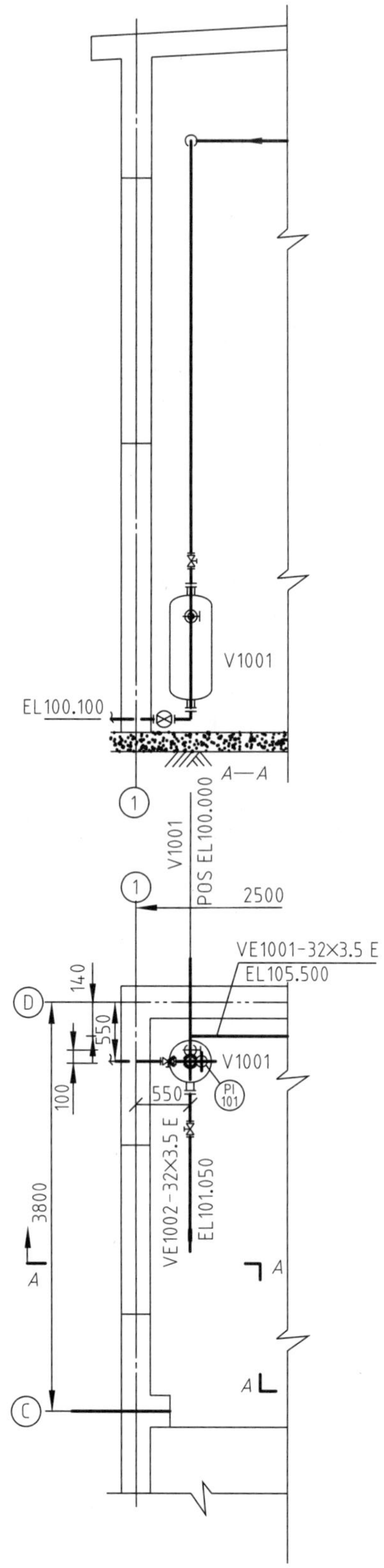

（1）管道布置图一般含有如下内容：

_____

_____

_____

_____

_____

_____

（2）在管道布置图中，设备（机器）和建（构）筑物均用_____绘制。对于建（构）筑物及构件，应根据设备布置图按比例画出_____、_____、_____、_____、_____、_____、_____、_____等结构，与管道布置无关的内容可适当地简化；按设备布置图标注_____和_____。

（3）管道布置图中，公称通径（DN）大于和等于400mm或16in的管道用_____线表示；小于和等于350mm或14in的管道用_____线表示。

（4）在管道布置图中，管道上的阀门、管件、管道附件用_____线按规定的图形符号绘制。阀门的_____及_____在图上一般应予表示。

（5）在管道布置图中，应标注设备的位号和定位尺寸。如图中"$\dfrac{V1001}{POS\ EL100.000}$"即标注了设备的位号和高度方向的定位尺寸，其中"V1001"表示_____，"POS EL100.000"表示_____。

已知管道的平面图和正立面图，补画左立面图。

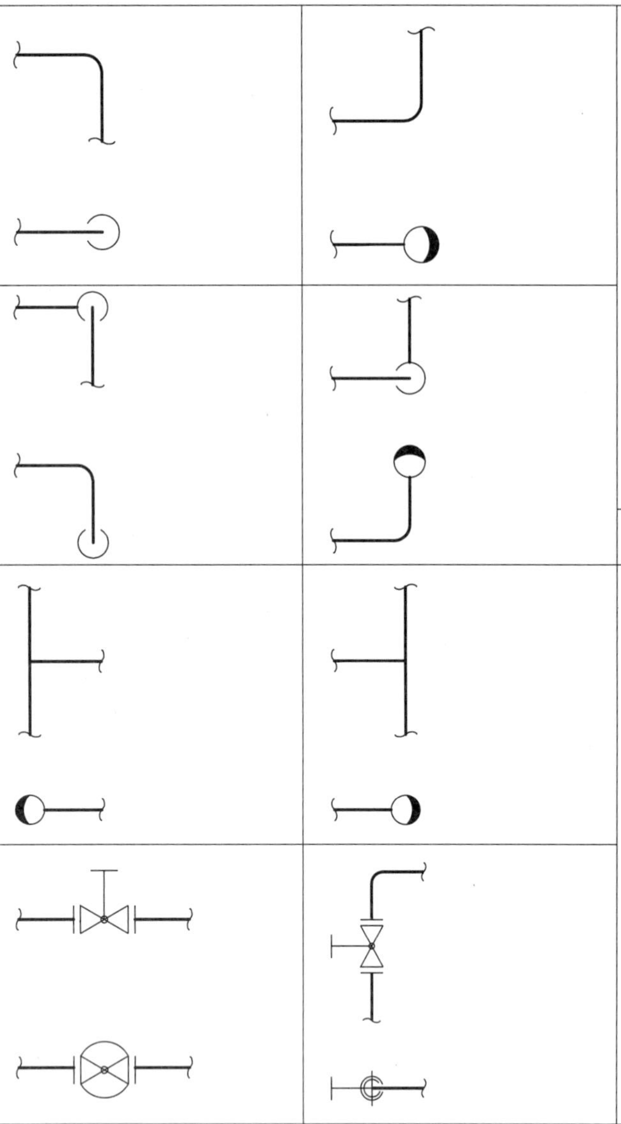

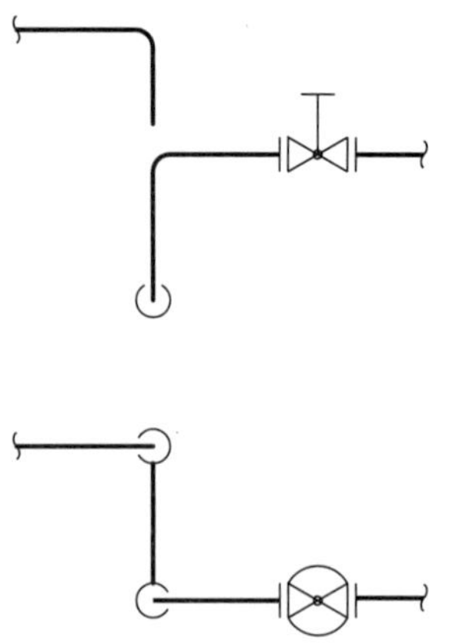

根据管道的投影图，画出管道的轴测图。

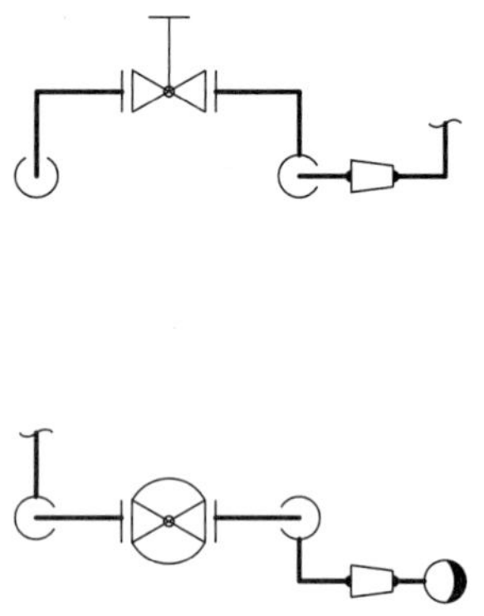

	100

何谓方案流程图、物料流程图和带控制点的
工艺流程图？

施工流程图中的设备、管道、仪表分别应做
哪些标注？

102

103

分别说出下列标注中画线字母和数字的含义。

分别叙述施工流程图中的设备、管道、仪表、
管件的绘制方法（包括图形、线型、比例）。

V1001，PL 20 02-Φ45×3.5 B ，P1002，
POS EL102.600，G S-01，R F-12。

104

105

4.3 施工流程图

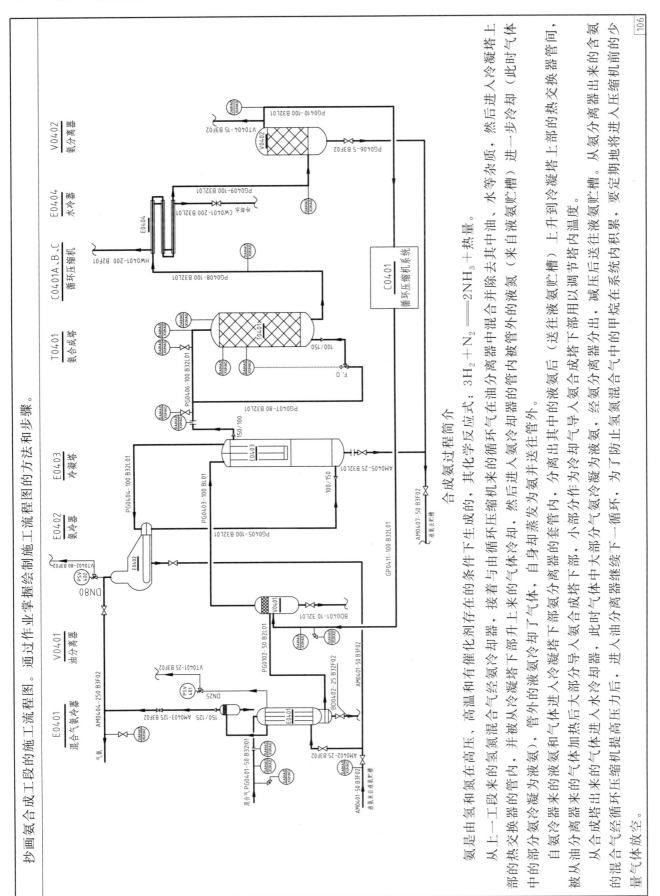

抄画氨合成工段的施工流程图。通过作业掌握绘制施工流程图的方法和步骤。

合成氨过程简介

氨是由氢和氮在高压、高温和有催化剂存在的条件下生成的，其化学反应式：$3H_2 + N_2 = 2NH_3 + 热量$。

从上一工段来的氢氮混合气经氨冷却器。接着与由循环压缩机来的循环气在油分离器中混合并除去其中油、水等杂质，然后进入冷凝塔上部的热交换器的管内，并被从冷凝塔下部上来的气体冷却。然后进入氨冷却器的管内被管内的液氨（来自液氨贮槽）进一步冷却（此时气体中的部分氨冷凝为液氨），管外的液氨冷却了气体，自身却蒸发为氨并送往管外。

自氨分离器来的液氨和气体从冷凝塔下部氨分离器的套管内，分离出其中的液氨后（送往液氨贮槽）上升到冷凝塔上部的热交换器管间，被从油分离器来的气体加热后大部分气体进入氨合成塔下部。小部分气体作为冷却气导入氨合成塔下部。此时气体中大部分气体经氨冷凝为液氨，经氨分离器分出。从氨分离器出来的含氨的混合气经循环压缩机提高压力后，进入油分离器继续下一循环。

从合成塔下来的气体进入水冷器。分离出气体中的液氨，上升到冷凝塔上部的热交换器管间，然后进入冷凝塔上部的热交换器管间，进一步冷却（此时气体中的部分氨冷凝为液氨），管外的液氨送往液氨贮槽。从氨分离器出来的含氨的混合气体系统，要定期地将进入压缩机前的少量气体放空。

为了防止氢氮混合气中的甲烷在系统内积累，要定期地将进入压缩机前的少量气体放空。

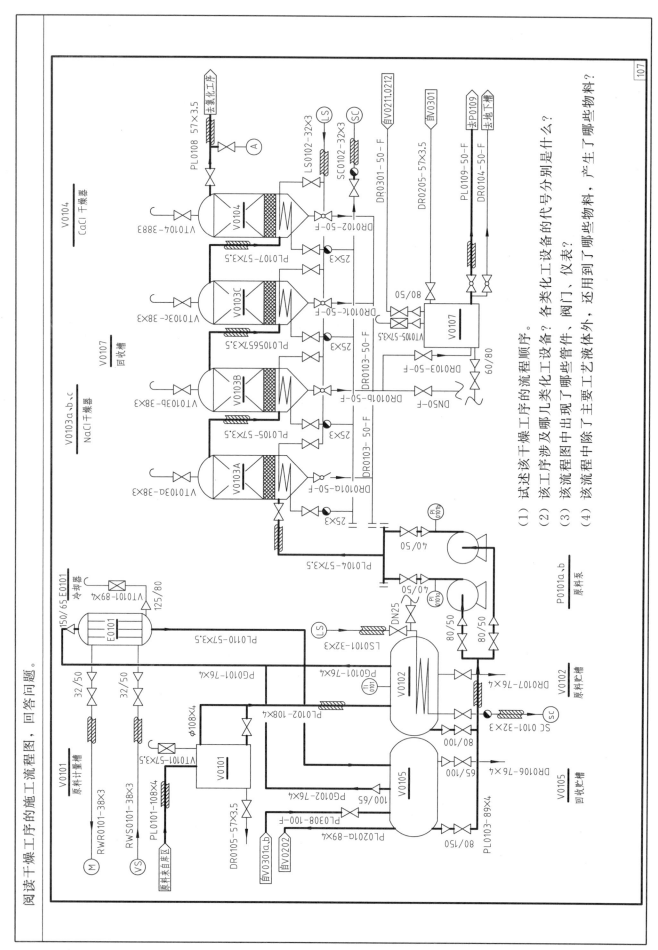

阅读干燥工序的施工流程图，回答问题。

(1) 试述该干燥工序的流程顺序。
(2) 该工序涉及哪几类化工设备？各类化工设备的代号分别是什么？
(3) 该流程图中出现了哪些管件、阀门、仪表？
(4) 该流程中除了主要工艺液体外，还用到了哪些物料，产生了哪些物料？

4.4 设备布置图

读天然气脱硫系统设备布置图，回答问题。

（1）设备布置图采用_____个视图表达，分别是_____和_____。

（2）设备布置图中共绘制了_____台设备，分别布置在厂房内外，厂房外塔区露天布置了四台静设备，分别为：_____、_____、_____、_____；厂房建筑内共安装了四台动设备，分别为：_____、_____、_____、_____。

（3）图中只画出四条厂房建筑定位轴线，其横向轴线间距为_____；纵向轴线间距为_____；厂房地面标高为_____；房顶标高为_____。

（4）罗茨鼓风机的主轴线标高为_____；横向定位尺寸为_____；相同设备间距为_____；基础尺寸为_____；支承点标高是_____。

（5）脱硫塔横向定位尺寸为_____；纵向定位尺寸是_____；支承点标高是_____。

（6）塔顶高为_____；料气入口管口标高为_____；稀氨水入口管口标高为_____；废氨水出口管口标高为_____。

（7）氨水储罐（V0703）的支承点标高为_____；横向定位尺寸为_____；纵向定位尺寸为_____。

（8）说明图中右上角的安装方位标（设计北向标志）的功能。

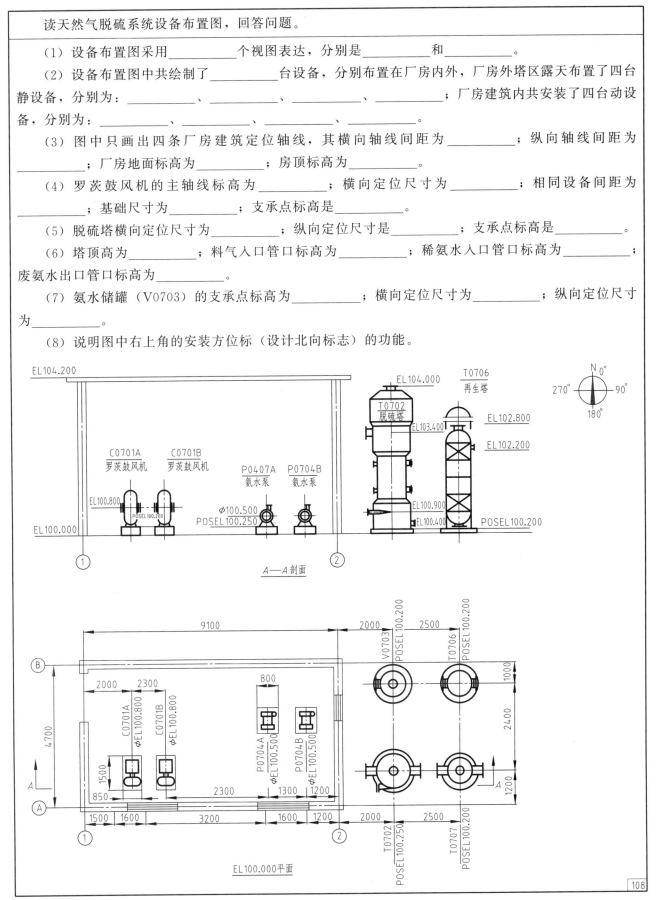

5 化工图样计算机辅助设计

5.1 标题栏、明细表和管口表绘制

左侧竖排说明：抄画图中的标题栏、明细表和管口表。

设计数据表

规范		GB/T 150《压力容器》TSG 21《固定式压力容器安全技术监察规程》		容器类别		I
介质特征				焊条型号		按JB/T 4709规定
工作温度	℃	95		焊接规程		按JB/T 4709规定
工作压力	MPa(G)	0.2		焊接结构		除注明外均全焊透结构
设计温度	℃	0～200		焊接接头高度		除注明外角焊缝腰高
设计压力	MPa(G)	0.25		焊接接头标准		按法兰与接管焊接标准
腐蚀裕量	mm	1		焊接接头类别	A、B	按相应法兰标准
容积	m³	0.85			C、D	
管口方位		按A向视图		无损检测	方法-检测率	RT-%10 标准-级别 JB/T 4730.8-Ⅲ
水压试验压力(卧式/立式)	MPa(G)	0.4		全容积	m³	6.3
气密性试验压力	MPa(G)					
保温层厚度/防火层厚度	mm	焊缝凸出且2度				
表面防腐要求						
其他						

技术要求

1. 安装液面计时两管之间的距离公差为±1.5mm，接管对于基准距离公差为3mm。
2. 保温层材料为矿渣棉板。

管口表

符号	公称尺寸	公称压力	连接标准	法兰形式	连接面形式	用途和名称	设备中心线至法兰面距离
A	50	0.6	HG/T 20593	PL	RF	出料口	见图
LG1~4	20	0.6	HGJ 46	PL	RF	液面计口	1056
B	20	0.6	HG/T 20593	PL	RF	进料口	见图
C	40	0.6	HG/T 20593	PL	RF	放空口	见图
D	50	0.6	HG/T 20593	PL	RF	备用口	见图
E	25	0.6	HG/T 20593	PL	RF	备用口	见图
M	400	0.6				人孔	见图

明细表

件号	图号或标准号	名称	数量	材料	单件质量/kg	总质量/kg	备注
17	GB/T 8163	接管φ32×3.5 L=153	1	20	0.41		
16	HG 20593	法兰 PL25(B)-0.6RF	1	Q235-A	0.73		
15	JB/T 4736	补强圈 dN500×6-D	1	Q235-A	15.6		
14	HG/T 21516	人孔盖 [A·GJA500-0.6]	1		130		
13	JB/T 4725	耳座 B4	3	Q235-A·F / Q235-A	15.7	47.1	
12		筒体 DN1600 δ=6 H=2600	1	Q235-A	616		
11	JB/T 4746	椭圆形封头 EHA1600×6	2	Q235-A	133.4	266.8	
10	HG 20593	法兰 PL40(B)-0.6RF	1	Q235-A	1.38		
9	GB/T 8163	接管φ45×3.5 L=153	1	20	0.54		
8	HG 20593	法兰 PL50(B)-0.6RF	3	Q235-A	1.51	4.53	
7		接管φ57×3.5 L=153	3	20	0.71	2.13	
6	HGJ 69	垫片 RF20-2.5	4	石棉橡胶板			
5	GB/T 6170	螺母 M12	16	Q235-A	0.016	0.26	
4	GB/T 5782	螺栓 M12×55	16	Q235-B	0.06	0.96	
3	HG 21592	液面计 AG1.6-IW1200	2		10.5	21	
2		接管φ25×3.5 L=153	4	Q235-A	0.25	1	
1	HGJ 46	法兰 2.0-2.5	4	20	0.94	3.76	

标题栏

设备净质量 1113 kg

容器	其中	瓷环	kg
		不锈钢	kg
		铁料	kg
操作质量			kg
盛水质量			kg
最大可拆件质量			kg

施工图

本图纸为 工程公司财产，未经许可不得转让或复制。

设计		标准化		工程公司 甲级 证书编号
校核		审核		

专业 设备	比例 1:10	图名 炉槽 VN=6.3m³
项目 装置/工区	版次 0	图号 V1001

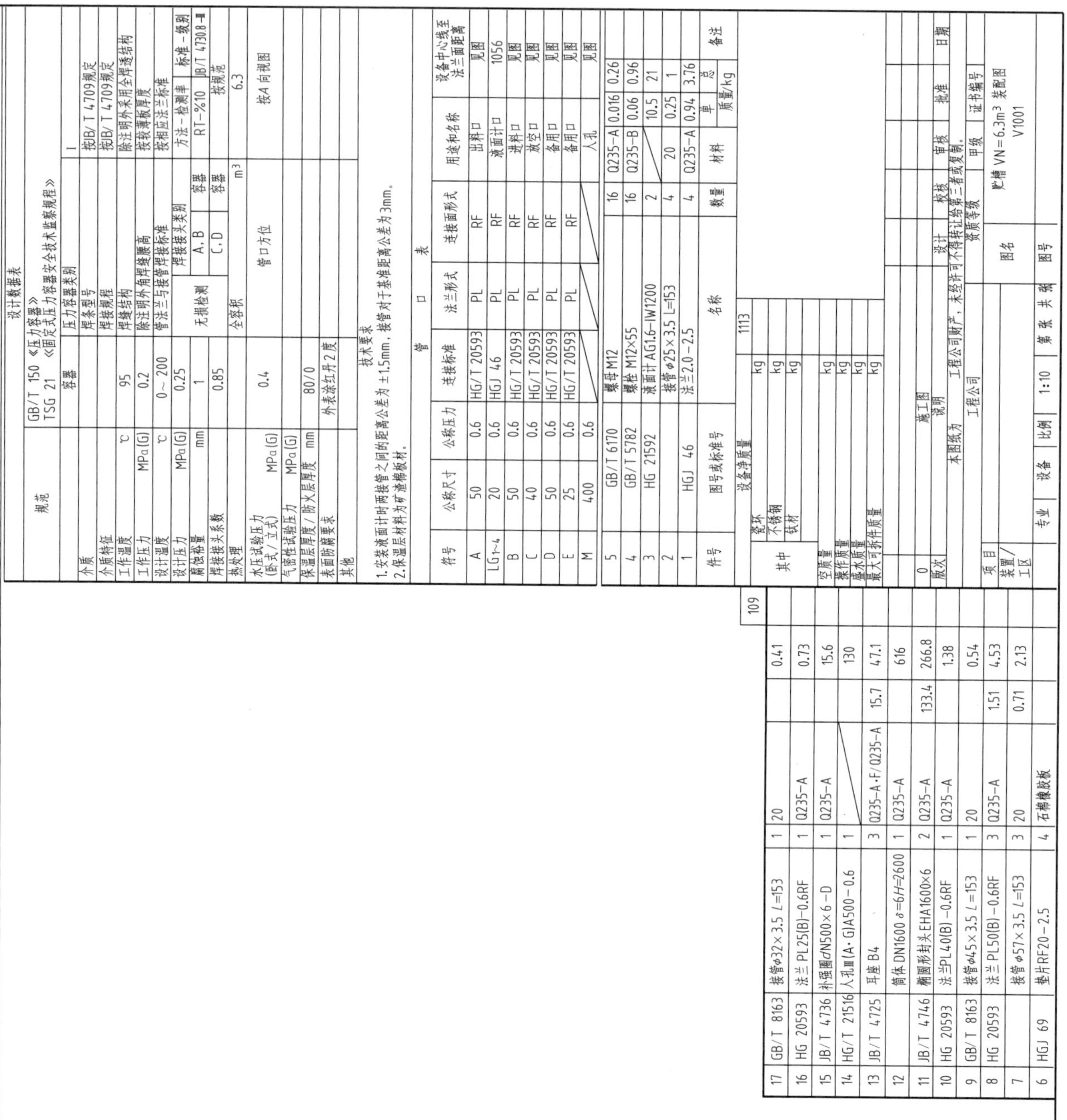

5.2 化工设备图尺寸标注

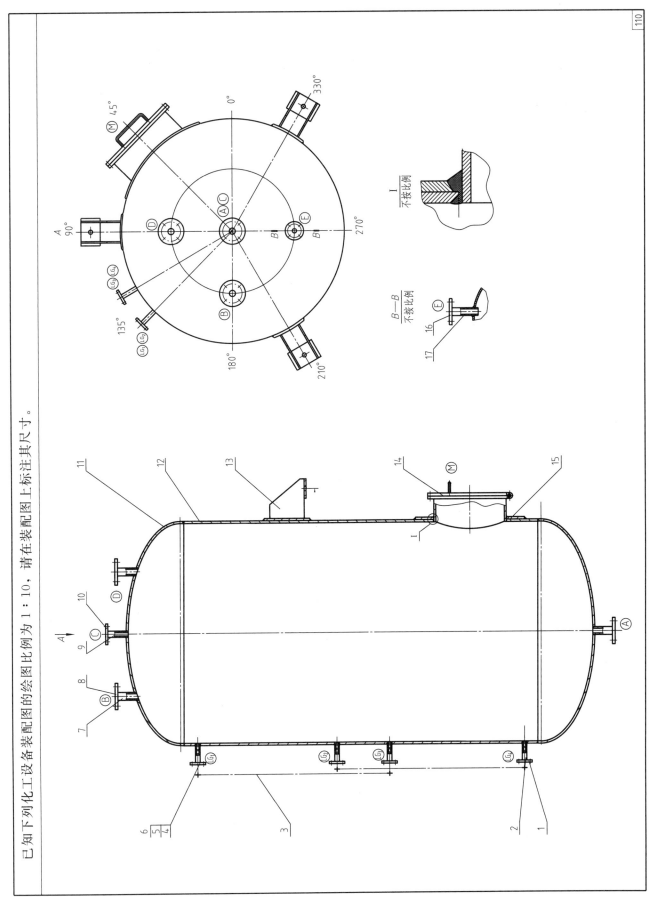

已知下列化工设备装配图的绘图比例为 1：10，请在装配图上标注其尺寸。

5.3 化工设备三维造型与装配图

根据明细栏和管口表查阅教材中有关化工设备零部件的尺寸，对图中所示化工设备的各零件进行

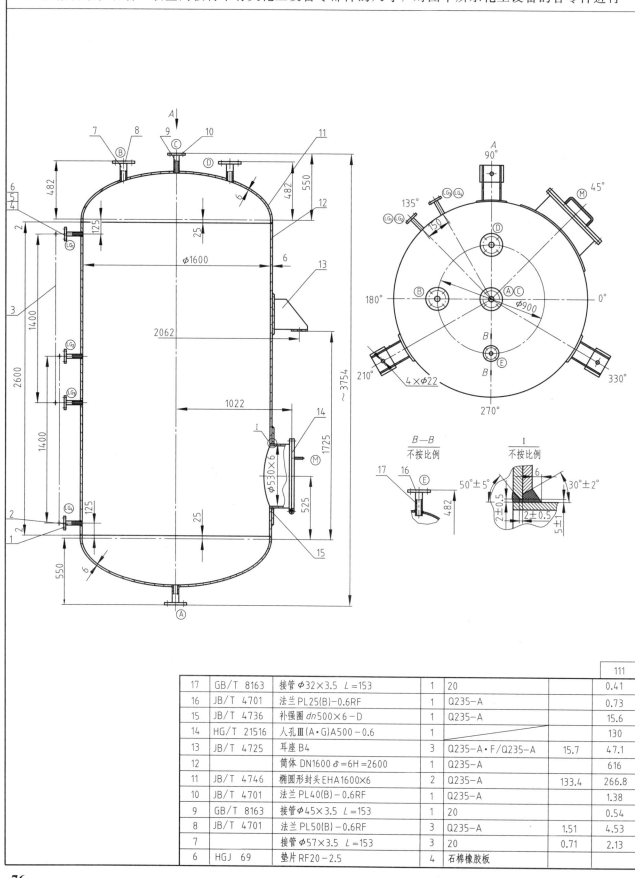

17	GB/T 8163	接管 $\phi32\times3.5$ $L=153$	1	20		0.41
16	JB/T 4701	法兰 PL25(B)-0.6RF	1	Q235-A		0.73
15	JB/T 4736	补强圈 $dn500\times6$-D	1	Q235-A		15.6
14	HG/T 21516	人孔Ⅲ(A·G)A500-0.6	1			130
13	JB/T 4725	耳座 B4	3	Q235-A·F/Q235-A	15.7	47.1
12		筒体 DN1600 δ=6H=2600	1	Q235-A		616
11	JB/T 4746	椭圆形封头 EHA1600×6	2	Q235-A	133.4	266.8
10	JB/T 4701	法兰 PL40(B)-0.6RF	1	Q235-A		1.38
9	GB/T 8163	接管 $\phi45\times3.5$ $L=153$	1	20		0.54
8	JB/T 4701	法兰 PL50(B)-0.6RF	3	Q235-A	1.51	4.53
7		接管 $\phi57\times3.5$ $L=153$	3	20	0.71	2.13
6	HGJ 69	垫片 RF20-2.5	4	石棉橡胶板		

三维造型，再作三维装配，并生成如图所示的二维装配图。

		设计数据表					
规范		GB 150《钢制压力容器》 TSG 21《固定式压力容器安全技术监察规程》					
		容器	压力容器类别		I		
介质			焊条型号		按JB/T 4709规定		
介质特征			焊接规程		按JB/T 4709规定		
工作温度	℃	95	焊缝结构		除注明外采用全焊透结构		
工作压力	MPa（G）	0.2	除注明外角焊缝腰高		按较薄板厚度		
设计温度	℃	0～200	管法兰与接管焊接标准		按相应法兰标准		
设计压力	MPa（G）	0.25		焊接接头类别	方法－检测率	标准－级别	
腐蚀裕量	mm	1	无损检测	A,B 容器	RT-%10	JB/T 4730.8-Ⅲ	
焊接接头系数		0.85		C,D 容器	按规范		
热处理			全容积	m³	6.3		
水压试验压力 （卧式／立式）	MPa（G）	0.4	管口方位		按A向视图		
气密性试验压力	MPa（G）						
保温层厚度／防火层厚度	mm	80/0					
表面防腐要求		外表涂红丹2度					
其他							

技术要求

1. 安装液面计时两接管之间的距离公差为±1.5mm，接管对于基准距离公差为3mm。
2. 保温层材料为矿渣棉板材。

			管 口 表				
符号	公称尺寸	公称压力	连接标准	法兰形式	连接面形式	用途和名称	设备中心线至法兰面距离
A	50	0.6	HG/T 20593	PL	RF	出料口	见图
LG₁~₄	20	0.6	HGJ 46	PL	RF	液面计口	1056
B	50	0.6	HG/T 20593	PL	RF	进料口	见图
C	40	0.6	HG/T 20593	PL	RF	放空口	见图
D	50	0.6	HG/T 20593	PL	RF	备用口	见图
E	25	0.6	HG/T 20593	PL	RF	备用口	见图
M	400	0.6				人孔	见图

件号	图号或标准号	名称	数量	材料	单 质量/kg	总 质量/kg	备注
5	GB/T 6170	螺母M12	16	Q235-A	0.016	0.26	
4	GB/T 5782	螺栓M12×55	16	Q235-B	0.06	0.96	
3	HG 21592	液面计AG1.6-IW1200	2		10.5	21	
2		接管φ25×3.5 L=153	4	20	0.25	1	
1	HGJ 46	法兰2.0-2.5	4	Q235-A	0.94	3.76	

设备净质量		1113		
其中	瓷环		kg	
	不锈钢		kg	
	钛材		kg	
空质量			kg	
操作质量			kg	
盛水质量			kg	
最大可拆件质量			kg	

0		施工图						
版次		说明		设计	校核	审核	批准	日期
	本图纸为 工程公司财产，未经许可不得转让给第三者或复制。							
	工程公司			资质等级	甲级	证书编号		
项目			图名	贮槽VN=6.3m³装配图				
装置/工区				V1001				
	专业	设备	比例	1:10	第 张 共 张	图号		

6　化工设备图

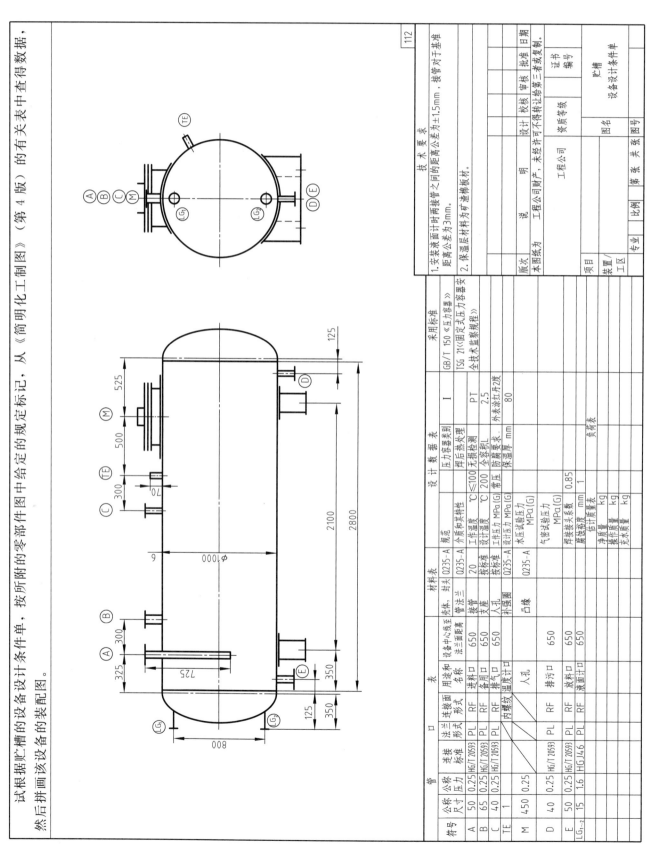

试根据贮槽的设备设计条件单，按所附的零部件图中给定的规定标记，从《简明化工制图》（第 4 版）的有关表中查得数据，然后拼画该设备的装配图。

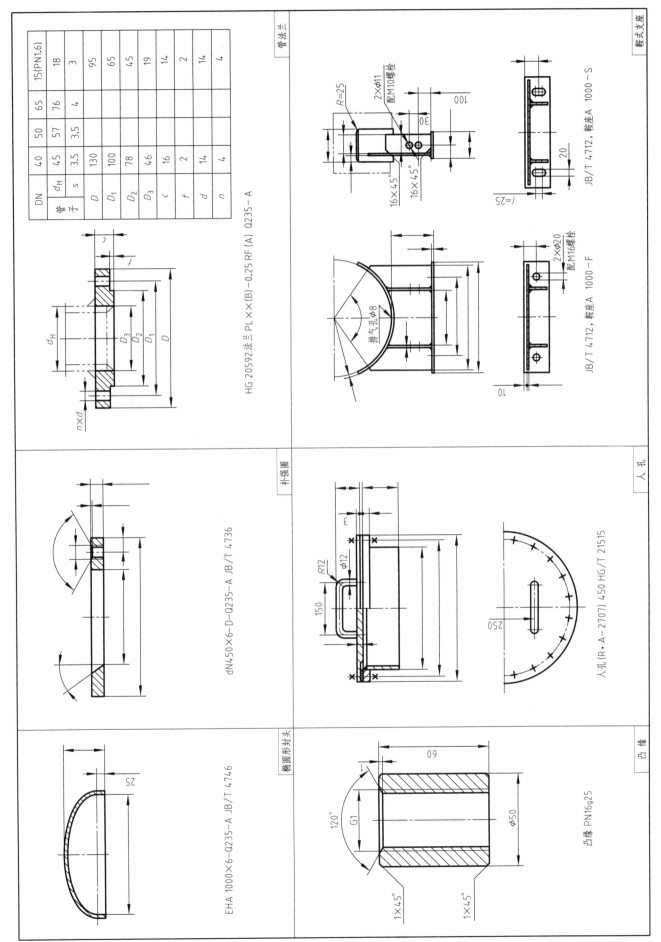

管法兰

DN		d_H	s	D	D_1	D_2	D_3	c	f	d	n
40	管子	45	3.5	130	100	78	46	16	2	14	4
50		57	3.5								
65		76	4								
15(PN1.6)		18	3	95	65	45	19	14	2	14	4

HG 20592法兰PL××(B)−0.25 RF(A) Q235−A

鞍式支座

JB/T 4712, 鞍座A 1000−S

JB/T 4712, 鞍座A 1000−F

补强圈

dN450×6−D−Q235−A JB/T 4736

人孔

人孔(R·A−2707) 450 HG/T 21515

椭圆形封头

EHA 1000×6−Q235−A JB/T 4746

凸缘

凸缘 PN16g25

试根据带夹套立式贮槽的设备设计条件单，按所附附的零部件图中给定的规定标记，从《简明化工制图》（第 4 版）的有关表中查得数据，然后拼画该设备的的装配图。

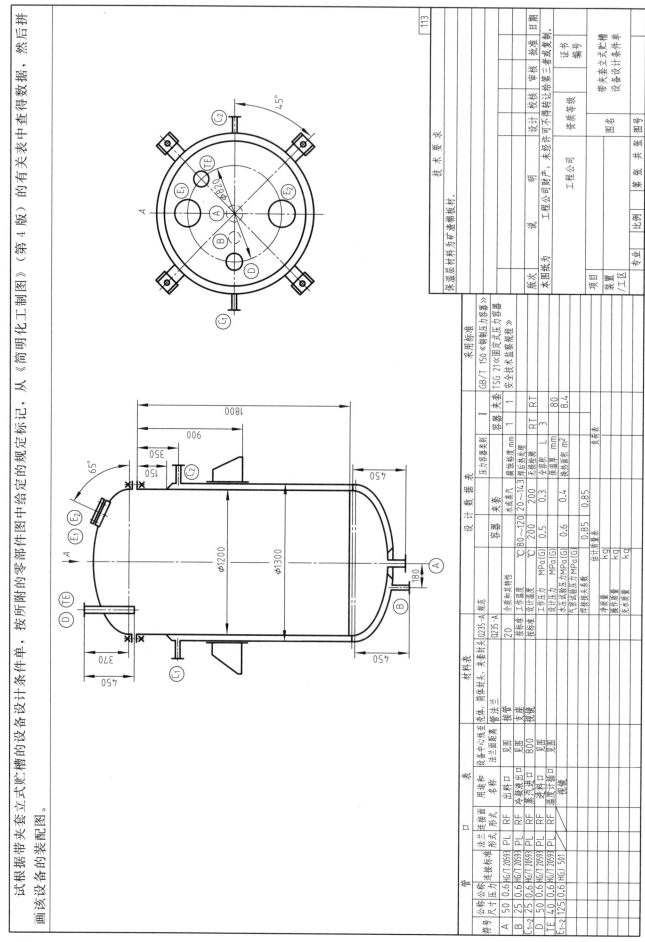

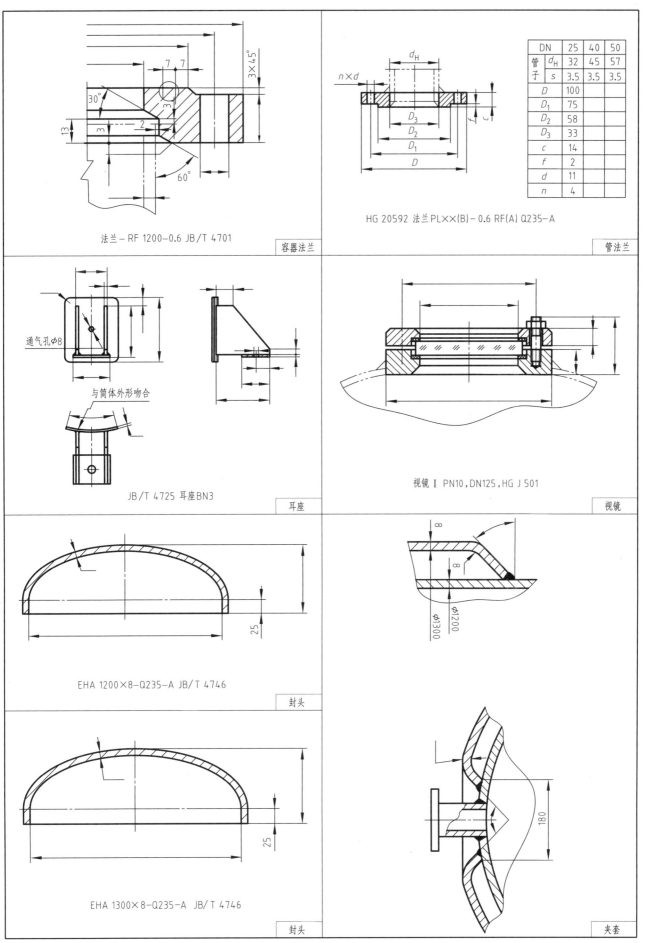

DN	25	40	50
管子 d_H	32	45	57
管子 s	3.5	3.5	3.5
D	100		
D_1	75		
D_2	58		
D_3	33		
c	14		
f	2		
d	11		
n	4		

法兰－RF 1200－0.6 JB/T 4701

容器法兰

HG 20592 法兰 PL××(B)－0.6 RF(A) Q235－A

管法兰

通气孔ϕ8

与筒体外形吻合

JB/T 4725 耳座BN3

耳座

视镜 I PN10,DN125,HG J 501

视镜

EHA 1200×8－Q235－A JB/T 4746

封头

EHA 1300×8－Q235－A JB/T 4746

封头

夹套